根据人教版数学教学大纲编写

好玩的数学奇遇记

HAOWANDESHUXUEQIYUJI

3年级

王艳着·著

哈爾濱工業大學出版社
HARBIN INSTITUTE OF TECHNOLOGY PRESS

图书在版编目(CIP)数据

好玩的数学奇遇记. 三年级/王艳着著. —哈尔滨：哈尔滨工业大学出版社,2016. 1
ISBN 978-7-5603-5694-5

Ⅰ. ①好… Ⅱ. ①王… Ⅲ. ①小学数学课-课外读物 Ⅳ. ①G624.503

中国版本图书馆 CIP 数据核字(2015)第 263640 号

策划编辑 张凤涛
责任编辑 张凤涛
装帧设计 恒润设计
出版发行 哈尔滨工业大学出版社
社　　址 哈尔滨市南岗区复华四道街 10 号　邮编 150006
传　　真 0451-86414749
网　　址 http://hitpress.hit.edu.cn
印　　刷 哈尔滨市石桥印务有限公司
开　　本 787mm×1092mm　1/16　印张 14　字数 180 千字
版　　次 2016 年 1 月第 1 版　2016 年 1 月第 1 次印刷
书　　号 ISBN 978-7-5603-5694-5
定　　价 29.80 元

目录

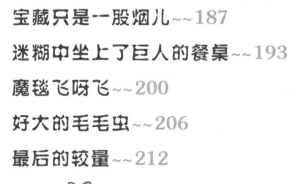

被冰封的精灵谷

kù xiǎo bǎo hé méng xiǎo bèi zài cān jiā shù xué jìng sài shí dōu dé
酷小宝和萌小贝在参加数学竞赛时，都得
le mǎn fēn róng huò tè děng jiǎng de hǎo chéng jì tóng xué men dōu shuō
了满分，荣获特等奖的好成绩，同学们都说
zhè duì shuāng bāo tāi xiōng mèi jiǎn zhí jiù shì shù xué tiān cái qí shí
这对双胞胎兄妹简直就是数学天才。其实，
zhè liǎ shù xué tiān cái chú le xué xí hǎo shù xué bàng zhī wài hé pǔ
这俩数学天才除了学习好，数学棒之外，和普
tōng xiǎo háir méi shá liǎng yàng yě ài wán yóu xì hái tè bié xǐ huan
通小孩儿没啥两样，也爱玩游戏，还特别喜欢
wán zhuō mí cáng
玩捉迷藏。

yí gè xīng qī tiān kù xiǎo bǎo hé méng xiǎo bèi wán chéng zuò
一个星期天，酷小宝和萌小贝完成作
yè yòu wán qǐ le zhuō mí cáng
业，又玩起了捉迷藏。

méng xiǎo bèi měi cì dōu xǐ huan cáng zài guà yī guì li yīn wèi
萌小贝每次都喜欢藏在挂衣柜里，因为
tā jué de guà yī guì bǐ jiào yǐn mì zhè cì tā yòu zuān jìn le guà
她觉得挂衣柜比较隐秘。这次，她又钻进了挂
yī guì cáng zài le mā ma de róng dà yī li tā xiǎng xī xī zhè
衣柜，藏在了妈妈的绒大衣里，她想：嘻嘻，这

xià kù xiǎo bǎo zhǎo bu dào wǒ le
下酷小宝找不到我了！

kù xiǎo bǎo bì zhe yǎn jing dào jì shí
酷小宝闭着眼睛倒计时：“10、9、8……3、2、1——”

cóng dào shǔ dào kù xiǎo bǎo zǒu xiàng guà yī guì tuō
从10倒数到1，酷小宝走向挂衣柜，拖
cháng le shēng yīn shuō méng xiǎo bèi wǒ yǐ jīng kàn dào nǐ
长了声音说：“萌小贝——我已经看到你
le o
了哦。”

kù xiǎo bǎo dǎ kāi guà yī guì hā hā kàn dào le méng xiǎo
酷小宝打开挂衣柜，哈哈，看到了，萌小
bèi de yī jiǎo hái lòu zài róng dà yī wài miàn ne
贝的衣角还露在绒大衣外面呢！

zhuā zhù le kù xiǎo bǎo měng pū guo qu yòng lì guò měng
“抓住了！”酷小宝猛扑过去，用力过猛，
yì tóu zhuàng jìn le guà yī guì li
一头撞进了挂衣柜里。

ā méng xiǎo bèi bèi zhuàng dǎo le yì shēng jiān jiào
“啊——”萌小贝被撞倒了，一声尖叫。

liǎng rén pá qi lai chī jīng de kàn kan duì fāng róu rou yǎn jing
两人爬起来，吃惊地看看对方，揉揉眼睛：
zhèr shì nǎ lǐ gāng gāng míng míng zài zì jǐ jiā guà yī guì
“这儿是哪里？”刚刚明明在自己家挂衣柜
li zěn me jiù dào le zhè yàng yí gè shì jiè
里，怎么就到了这样一个世界？

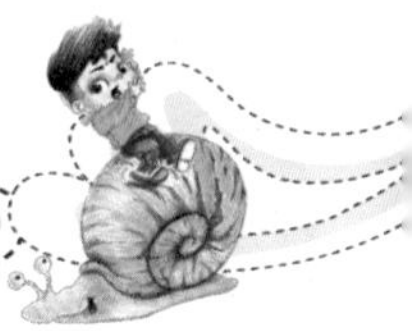

tā men jìng rán dào le yí gè bīng xuě shì jiè jié bái de xuě
他们竟然到了一个冰雪世界：洁白的雪
dì xuě hòu de xiàng mián bèi dà shù jìng rán shì jīng yíng tī tòu de lǜ
地，雪厚得像棉被。大树竟然是晶莹剔透的绿
bīng kāi zhe gè sè jīng yíng de huā duǒ yí zuò zuò cǎi sè de bīng diāo
冰，开着各色晶莹的花朵。一座座彩色的冰雕
chéng bǎo chù lì zài xuě dì li zhēn shi yí gè měi lì de tóng huà
城堡矗立在雪地里，真是一个美丽的童话
shì jiè
世界！

mò fēi wǒ men dào le lìng yí gè shì jiè méng xiǎo bèi kàn
“莫非？我们到了另一个世界？”萌小贝看
zhe měi lì de bīng xuě shì jiè fēi cháng xīng fèn
着美丽的冰雪世界，非常兴奋。

kù xiǎo bǎo hé méng xiǎo bèi zài xuě dì shang zhuī zhú dǎ nào duī
酷小宝和萌小贝在雪地上追逐打闹，堆
xuě rén gǔn xuě qiú lèi le zǒu dào yì kē dà shù xià
雪人、滚雪球…… 累了，走到一棵大树下。

wū wū wū hǎo xiàng shì shéi zài kū kù xiǎo bǎo hé
“呜呜呜——”好像是谁在哭？酷小宝和
méng xiǎo bèi sì chù xún zhǎo jìng rán shì yì zhī měi lì de dà hú
萌小贝四处寻找，竟然是一只美丽的“大蝴
dié zuò zài shù shang kū tā zhǎng zhe yì tóu jīn sè de cháng juǎn
蝶”坐在树上哭！她长着一头金色的长卷
fà yí duì qiǎn fěn sè de chì bǎng chuān zhe hóng fěn xiāng jiàn de tǒng
发，一对浅粉色的翅膀，穿着红粉相间的筒
qún zhēn shi piào liang jí le
裙，真是漂亮极了！

kù xiǎo bǎo qīng qīng de wèn　nǐ wèi shén me kū ne
酷小宝轻轻地问："你为什么哭呢？"

dà hú dié　bèi kù xiǎo bǎo hé méng xiǎo bèi xià le yí tiào
"大蝴蝶"被酷小宝和萌小贝吓了一跳：

nǐ　nǐ men　shì rén lèi
"你！你们！是人类？"

méng xiǎo bèi diǎn dian tóu　wēn róu de shuō　wǒ men bú shì huài
萌小贝点点头，温柔地说："我们不是坏

rén　nǐ yù dào le shén me shāng xīn shì ne　xū yào wǒ men de bāng
人。你遇到了什么伤心事呢？需要我们的帮

zhù ma
助吗？"

dà hú dié　liǎng yǎn fàng chū fěn sè de guāng máng　shuō
"大蝴蝶"两眼放出粉色的光芒，说：

rén lèi hěn cōng míng　wǒ de wèn tí　nǐ men yí dìng kě yǐ bāng
"人类很聪明！我的问题，你们一定可以帮

wǒ jiě jué
我解决！"

kù xiǎo bǎo hé méng xiǎo bèi xiāng shì yí xiào　shuō　wǒ men yí
酷小宝和萌小贝相视一笑，说："我们一

dìng jìn lì bāng nǐ
定尽力帮你！"

dà hú dié　shuō zhè lǐ shì jīng líng gǔ　tā shì zhè lǐ de
"大蝴蝶"说这里是精灵谷，她是这里的

gōng zhǔ　jīng líng gǔ běn lái shì gè fēi cháng wēn nuǎn de dì fang　cháng
公主。精灵谷本来是个非常温暖的地方，常

nián fán huā shì jǐn　yì zhí dōu shì nuǎn nuǎn de chūn tiān　kě shì　nà
年繁花似锦，一直都是暖暖的春天。可是，那

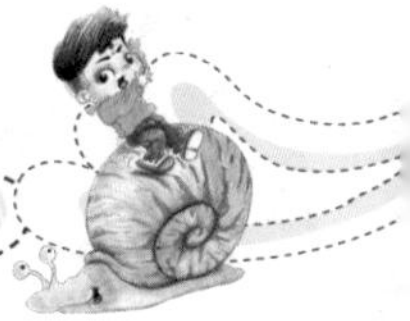

tiān tā zài wán shuǎ shí yù dào shù xué guó de wū pó bù xiǎo xīn dé
天，她在玩耍时遇到数学国的巫婆，不小心得
zuì le shù xué guó de wū pó shù xué wū pó hěn shēng qì jiù yòng mó
罪了数学国的巫婆。数学巫婆很生气，就用魔
fǎ bǎ zhè lǐ biàn chéng le bīng xuě shì jiè chú le tā zì jǐ suǒ yǒu
法把这里变成了冰雪世界。除了她自己，所有
de jīng líng dōu biàn chéng le bīng diāo shù xué wū pó shuō měi jiě jué
的精灵都变成了冰雕。数学巫婆说，每解决
yí dào shù xué tí jiù néng jiě chú yí dào mó zhòu suǒ yǒu de mó zhòu
一道数学题，就能解除一道魔咒。所有的魔咒
bèi jiě chú hòu zhè lǐ jiù néng huī fù yǐ wǎng de chūn tiān kě shì
被解除后，这里就能恢复以往的春天。可是，
tā zhǐ xǐ huan chàng gē tiào wǔ yì diǎn dōu bù dǒng shù xué
她只喜欢唱歌、跳舞，一点都不懂数学。

kù xiǎo bǎo hé méng xiǎo bèi shuō jiě jué shù xué wèn tí wǒ
酷小宝和萌小贝说：“解决数学问题，我
men liǎ zuì zài háng le
们俩最在行了。”

xiǎo jīng líng gōng zhǔ jīng xǐ de shuō rèn shi nǐ men zhēn shi
小精灵公主惊喜地说：“认识你们真是
tài hǎo le nǐ men kàn kan zhè kē shù shàng miàn jiù yǒu yí dào shù
太好了！你们看看这棵树，上面就有一道数
xué tí
学题。”

bīng yù bān de shù suī rán piào liang què hán qì bī rén kù xiǎo
冰玉般的树虽然漂亮，却寒气逼人。酷小

bǎo hé méng xiǎo bèi kàn dào shù shang guǒ rán yǒu hóng sè zì tǐ yì
宝和萌小贝看到树上果然有红色字体：一
zhāng zhǐ duì zhé cì shì céng duì zhé cì shì céng duì zhé
张纸，对折1次是2层，对折2次是4层，对折
cì shì céng
5次是(　　)层。

méng xiǎo bèi wèn jiě jué le zhè dào tí jiù néng jiě chú zhè
萌小贝问：“解决了这道题，就能解除这
kē shù de bīng xuě mó zhòu ma
棵树的冰雪魔咒吗？”

xiǎo jīng líng gōng zhǔ diǎn dian tóu duì bù jǐn zhè kē suǒ yǒu
小精灵公主点点头：“对！不仅这棵，所有
de shù dōu huì huī fù yǐ wǎng de shēng jī
的树都会恢复以往的生机。”

kù xiǎo bǎo hé méng xiǎo bèi xīng fèn de tiào qi lai qí shēng
酷小宝和萌小贝兴奋地跳起来，齐声
shuō zhè ge hěn jiǎn dān
说：“这个很简单！”

kù xiǎo bǎo kàn le yì yǎn shù shang de tí shuō měi duì zhé
酷小宝看了一眼树上的题，说：“每对折
yí cì céng shù jiù huì fān yí bèi suǒ yǐ měi duì zhé yí cì jiù
一次，层数就会翻一倍。所以，每对折一次，就
chéng yí gè
乘一个2。”

kù xiǎo bǎo hái méi shuō wán méng xiǎo bèi qiǎng xiān shuō bié luō
酷小宝还没说完，萌小贝抢先说：“别啰
suo le kù xiǎo bǎo gè xiāng chéng shì céng
唆了，酷小宝，5个5相乘是32层！”

méng xiǎo bèi gāng gāng shuō wán shén qí de shì qing fā shēng le
萌小贝刚刚说完，神奇的事情发生了：

nà kē lěng bīng bīng de shù shùn jiān biàn de wēn nuǎn biàn chéng le zhēn
那棵冷冰冰的树瞬间变得温暖，变成了真

zhèng de dà shù shù yè yóu liàng liàng de fā zhe lǜ guāng shù shang de
正的大树。树叶油亮亮的发着绿光，树上的

gè sè xiān huā sàn fā zhe dàn dàn de huā xiāng kù xiǎo bǎo hé méng xiǎo
各色鲜花散发着淡淡的花香，酷小宝和萌小

bèi dōu bèi huā xiāng gěi mí zuì le
贝都被花香给迷醉了。

得到一双翅膀

suǒ yǒu de dà shù dōu bèi huàn xǐng le dì shang què yī rán shì
所有的大树都被唤醒了，地上却依然是
hòu hòu de bīng xuě méng xiǎo bèi shuō gōng zhǔ xiàn zài dài wǒ men
厚厚的冰雪。萌小贝说：“公主，现在带我们
qù jiě chú huā cǎo de bīng xuě mó zhòu ba wǒ hái shi xǐ huan lù róng
去解除花草的冰雪魔咒吧！我还是喜欢绿茸
róng de cǎo dì
茸的草地。”

xiǎo jīng líng gōng zhǔ xīn xǐ de dā ying hǎo wa wǒ zuì xǐ
小精灵公主欣喜地答应：“好哇！我最喜
huan zài huā cóng zhōng tiào wǔ le
欢在花丛中跳舞了。”

xiǎo jīng líng gōng zhǔ dài kù xiǎo bǎo hé méng xiǎo bèi dào xuě dì
小精灵公主带酷小宝和萌小贝到雪地
zhōng yāng xuě dì shang tū rán zhǎng chū yí gè pái zi
中央，雪地上突然“长出”一个牌子：

在不能一笔画成的图形上画“X”，能一笔画成的图形，请你用手在上面画一画。

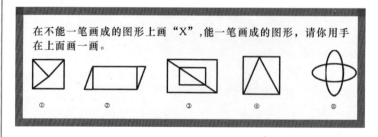

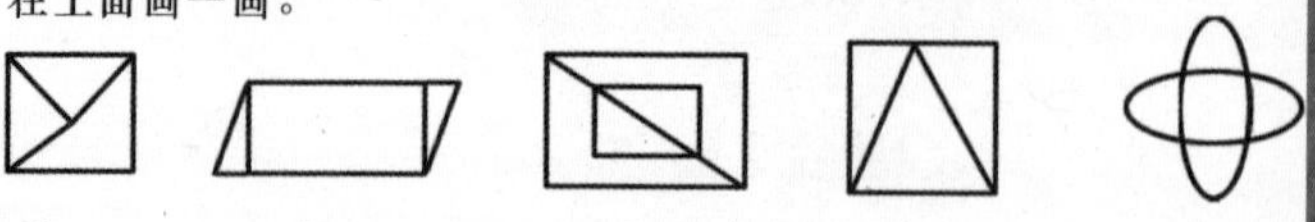

① ② ③ ④ ⑤

méng xiǎo bèi kàn le yì yǎn shuō zhè hái bù jiǎn dān wǒ gēn
萌小贝看了一眼说："这还不简单？我跟
tóng zhuō tiān tiān wán yì bǐ huà
同桌天天玩一笔画！"

kù xiǎo bǎo chóng bài de kàn zhe méng xiǎo bèi wèn wǒ zěn me
酷小宝崇拜地看着萌小贝，问："我怎么
bù zhī dào kuài gěi wǒ jiǎng jiang huí qù wǒ bǎ líng huā qián quán gěi
不知道？快给我讲讲，回去我把零花钱全给
nǐ mǎi chéng qiǎo kè lì
你买成巧克力！"

méng xiǎo bèi tīng dào yǒu qiǎo kè lì chī liǎng yǎn fàng guāng
萌小贝听到有巧克力吃，两眼放光，
shuō dào shí bù xǔ shuǎ lài o
说："到时不许耍赖哦！"

kù xiǎo bǎo jǔ qǐ shǒu shuō jūn zǐ yì yán sì mǎ
酷小宝举起手说："君子一言，驷马
nán zhuī
难追！"

méng xiǎo bèi xiào mī le yǎn hǎo ba wǒ xiāng xìn nǐ yì bǐ
萌小贝笑眯了眼："好吧，我相信你。一笔
huà jiù shì cóng píng miàn tú xíng shang mǒu yì diǎn chū fā bǐ bù néng
画，就是从平面图形上某一点出发，笔不能
lí kāi zhǐ ér qiě měi tiáo xiàn dōu zhǐ néng huà yí cì qiě bù chóng fù
离开纸，而且每条线都只能画一次且不重复。"

kù xiǎo bǎo diǎn dian tóu wèn zěn me cái néng pàn duàn yí gè tú
酷小宝点点头，问："怎么才能判断一个图
xíng néng bu néng yì bǐ huà wán ne
形能不能一笔画完呢？"

méng xiǎo bèi zì háo de shuō yí gè tú xíng néng fǒu yì bǐ huà
萌小贝自豪地说：“一个图形能否一笔画
wán děi kàn tā yǒu jǐ gè dān shù diǎn cóng yì diǎn fā chū xiàn de tiáo
完，得看它有几个单数点。从一点发出线的条
shù shì shuāng shù de diǎn jiào shuāng shù diǎn shì dān shù de diǎn jiào dān
数是双数的点叫双数点，是单数的点叫单
shù diǎn
数点。”

shuō zhe méng xiǎo bèi yòng shǒu zhǐ zhe tú xíng cóng zhè ge
说着，萌小贝用手指着图形①，从这个
diǎn hóng diǎn chù fā chū de xiàn yǒu tiáo shì shuāng
点（红点处）发出的线有2条，2是双
shù zhè jiù shì shuāng shù diǎn zhè ge diǎn lǜ diǎn chù fā chū de
数，这就是双数点。这个点（绿点处）发出的
xiàn gè yǒu tiáo shì dān shù zhè shì dān shù diǎn rú guǒ yí gè tú
线各有2条，3是单数，这是单数点。如果一个图
xíng li méi yǒu dān shù diǎn huò yǒu liǎng gè dān shù diǎn jiù yí dìng néng yì
形里没有单数点或有两个单数点，就一定能一
bǐ huà chu lai fǒu zé jiù bù néng yì bǐ huà chu lai
笔画出来，否则，就不能一笔画出来。”

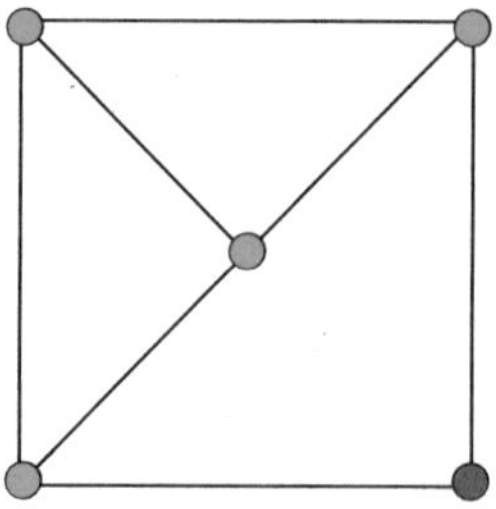

图①

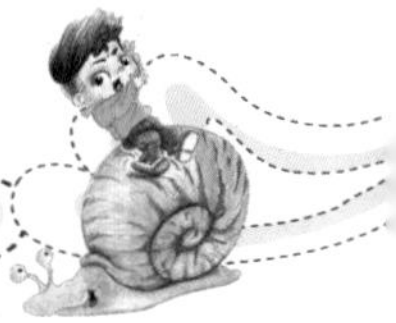

kù xiǎo bǎo kàn kan tú xíng shuō zhè ge tú xíng yǒu gè
酷小宝看看图形①说："这个图形有1个
shuāng shù diǎn gè dān shù diǎn suǒ yǐ bù néng yì bǐ huà chu lai
双数点，4个单数点，所以不能一笔画出来。"

méng xiǎo bèi diǎn tóu shuō de duì yīng gāi gěi tā dǎ chā
萌小贝点头："说得对！应该给它打叉。"
shuō zhe yòng shǒu zhǐ zài shàng miàn huà le gè
说着用手指在上面画了个"×"。

méng xiǎo bèi gāng huà wán tú xíng huà zuò yí dào yān xiāo shī
萌小贝刚画完，图形①化作一道烟消失
le xuě dì shang chū xiàn le yí piàn měi lì de huā tián huā tián li zhǎng
了，雪地上出现了一片美丽的花田，花田里长
mǎn le shèng kāi de xiǎo chú jú hǎo měi
满了盛开的小雏菊，好美。

kù xiǎo bǎo kàn kan tú xíng shuō tú xíng yǒu gè shuāng
酷小宝看看图形②说："图形②有2个双
shù diǎn hóng diǎn chù gè dān shù diǎn lù diǎn chù yě bù néng
数点（红点处），4个单数点（绿点处），也不能
yì bǐ huà chū sòng nǐ gè dà chā
一笔画出。送你个大叉！"

kù xiǎo bǎo zài tú xíng shàng miàn huà le gè tú xíng
酷小宝在图形②上面画了个"×"，图形②
yě huà zuò yí dào yān xiāo shī le qǔ dài tā de shì yí piàn měi lì de
也化作一道烟消失了，取代它的，是一片美丽的
fēng xìn zǐ wēi fēng chuī guò xiāng qì pū bí
风信子。微风吹过，香气扑鼻。

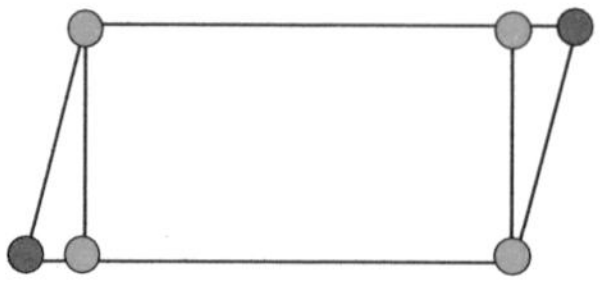

②

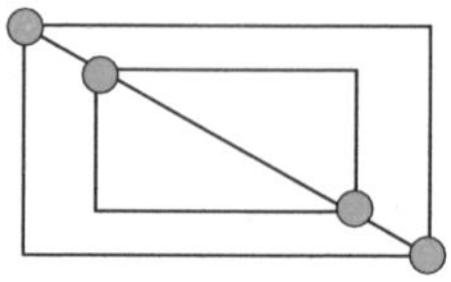

③

méng xiǎo bèi shuō kù xiǎo bǎo qí shí bú yòng shǔ yǒu jǐ gè
萌小贝说："酷小宝，其实不用数有几个
shuāng shù diǎn nǐ zhǐ yào shù dān shù diǎn jiù kě yǐ le nǐ kàn tú
双数点，你只要数单数点就可以了。你看图
xíng yǒu gè dān shù diǎn lǜ diǎn chù rú guǒ yǒu dān shù diǎn
形③，有4个单数点（绿点处），如果有单数点，
dàn dān shù diǎn bú shì gè jiù bù néng yì bǐ huà chū shuō zhe
但单数点不是2个，就不能一笔画出。"说着，
méng xiǎo bèi zài tú xíng shàng miàn huà le gè dà tú xíng
萌小贝在图形③上面画了个大"×"。图形③
huà zuò yí piàn shèng kāi de fēng líng cǎo zài wēi fēng zhōng yáo yè chū qīng
化作一片盛开的风铃草，在微风中摇曳出轻
yíng yuè ěr de yīn fú
盈悦耳的音符。

kù xiǎo bǎo zǒu dào tú xíng qián méng xiǎo bèi zǒu dào tú xíng
酷小宝走到图形④前，萌小贝走到图形
qián liǎng rén zài tóng yì shí jiān jīng xǐ de jiān jiào tài bàng le
⑤前。两人在同一时间惊喜地尖叫："太棒了！
kě yǐ yì bǐ huà chu lai
可以一笔画出来！"

kù xiǎo bǎo shuō tú xíng yǒu liǎng gè dān shù diǎn hóng diǎn
酷小宝说："图形④有两个单数点（红点

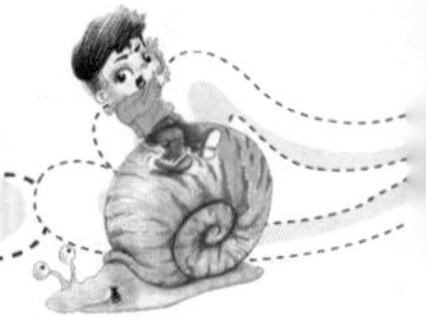

chù néng yì bǐ huà chū kě shì zěn me huà ne cóng nǎ lǐ kāi shǐ
处)，能一笔画出。可是怎么画呢？从哪里开始

ne
呢？”

méng xiǎo bèi shuō hēi hēi wǒ lái gào su nǐ bú guò bié
萌小贝说：“嘿嘿，我来告诉你，不过，别

wàng le qiǎo kè lì o
忘了巧克力哦！”

kù xiǎo bǎo tǎo hǎo de shuō yí dìng yí dìng bǎo zhèng dōu gěi
酷小宝讨好地说：“一定一定，保证都给

nǐ mǎi qiǎo kè lì kuài diǎn gào su wǒ zěn me huà ba
你买巧克力！快点告诉我怎么画吧！”

méng xiǎo bèi shuō yǒu liǎng gè dān shù diǎn jiù cóng qí zhōng yí
萌小贝说：“有两个单数点，就从其中一

gè dān shù diǎn chū fā lìng yí gè dān shù diǎn chū lái rú guǒ quán shì
个单数点出发，另一个单数点出来！如果全是

shuāng shù diǎn cóng rèn hé yì diǎn chū fā dōu kě yǐ yì bǐ huà chū
双数点，从任何一点出发，都可以一笔画出。”

kù xiǎo bǎo huà de shùn xù cóng hóng diǎn chū fā lǜ diǎn jié
(酷小宝画的顺序：从红点出发，绿点结

shù méng xiǎo bèi huà de shùn xù cóng lǜ diǎn chū fā lǜ diǎn jié
束。萌小贝画的顺序：从绿点出发，绿点结

shù dá àn bù wéi yī
束。答案不唯一)

kù xiǎo bǎo hé méng xiǎo bèi gāng gāng huà wán tú xíng hé tú
酷小宝和萌小贝刚刚画完，图形④和图

xíng huà zuò liǎng shuāng cǎi sè de chì bǎng fēi dào le tā liǎ de
形⑤化作两双彩色的翅膀，飞到了他俩的

身上。

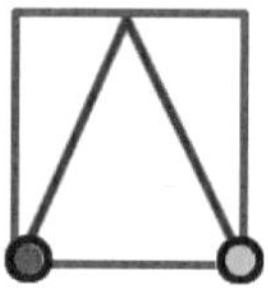

④

⑤

整个雪地瞬间变成了花的海洋，小精灵公主飞舞一圈，大声说：“朋友，谢谢你们！”

酷小宝和萌小贝也在空中飞起来，三人跳起圆圈舞。

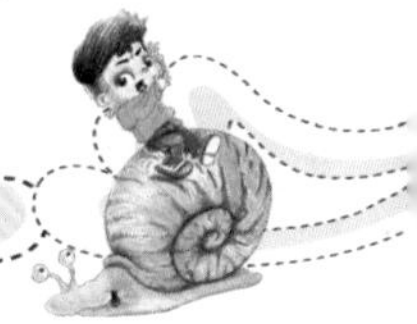

解除蝴蝶的冰雪魔咒

méng xiǎo bèi tū rán tíng zhǐ le wǔ dǎo yīn wèi tā kàn dào le huā
萌小贝突然停止了舞蹈，因为她看到了花
cǎo jiān nà yì zhī zhī jīng yíng de bīng hú dié
草间那一只只晶莹的冰蝴蝶。

méng xiǎo bèi jiàng luò dào huā cǎo jiān pěng qǐ yì zhī lán sè de
萌小贝降落到花草间，捧起一只蓝色的
bīng hú dié qīng shēng shuō zhēn měi
冰蝴蝶，轻声说："真美。"

xiǎo jīng líng gōng zhǔ hé kù xiǎo bǎo yě tíng le xià lái jiàng luò
小精灵公主和酷小宝也停了下来，降落
dào méng xiǎo bèi shēn biān
到萌小贝身边。

xiǎo jīng líng gōng zhǔ tàn kǒu qì shuō méi yǒu bèi bīng dòng de hú
小精灵公主叹口气说："没有被冰冻的蝴
dié gèng měi
蝶更美。"

kù xiǎo bǎo wèn gōng zhǔ zěn me cái néng jiě chú hú dié men
酷小宝问："公主，怎么才能解除蝴蝶们
de bīng xuě mó zhòu ne
的冰雪魔咒呢？"

méng xiǎo bèi yě jiāo jí de wèn shì ya jiě chú hú dié men
萌小贝也焦急地问："是呀，解除蝴蝶们

bīng xuě mó zhòu de shù xué tí zài nǎ lǐ ne
冰雪魔咒的数学题在哪里呢？”

xiǎo jīng líng gōng zhǔ yáo yao tóu shuō jù tǐ wǒ yě bù zhī dào yīng gāi jiù zài mǒu zhī hú dié de shēn shang
小精灵公主摇摇头，说：“具体我也不知道，应该就在某只蝴蝶的身上。”

zhè shí méng xiǎo bèi shǒu shang de wēn dù chuán dào bīng hú dié shēn shang bīng hú dié huǎn huǎn fēi lí méng xiǎo bèi de shǒu jiàn jiàn biàn dà tíng zài le kōng zhōng zuǒ yòu chì bǎng shang huàn huà chū liǎng dào shù xué tí
这时，萌小贝手上的温度传到冰蝴蝶身上，冰蝴蝶缓缓飞离萌小贝的手，渐渐变大，停在了空中，左右翅膀上幻化出两道数学题：

zuǒ chì yí dào jiā fǎ suàn shì xiǎo mǎ hu bǎ yí gè jiā shù gè wèi shang de kàn chéng le jié guǒ dé zhèng què de dá àn shì duō shao
左翅：一道加法算式，小马虎把一个加数个位上的9看成了6，结果得432，正确的答案是多少？

yòu chì yí dào jiǎn fǎ suàn shì dà mǎ hu bǎ bèi jiǎn shù de shí wèi shang de kàn chéng le jié guǒ dé zhèng què de dá àn shì duō shao
右翅：一道减法算式，大马虎把被减数的十位上的3看成了8，结果得246，正确的答案是多少？

jiě chú bīng xuě mó zhòu de shù xué tí chū xiàn le kù xiǎo bǎo
“解除冰雪魔咒的数学题出现了！”酷小宝

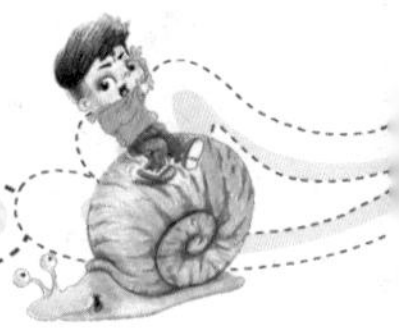

hé méng xiǎo bèi jīng xǐ de tiào qi lai tā men hǎo kāi xīn zhè me jiǎn
和萌小贝惊喜地跳起来。他们好开心，这么简
dān de shù xué tí jiě dá hòu jiù néng jiě chú hú dié men de bīng xuě mó
单的数学题，解答后就能解除蝴蝶们的冰雪魔
zhòu le
咒了。

kù xiǎo bǎo kuài sù dú le yí biàn tí shuō zhè zhǒng tí qí
酷小宝快速读了一遍题，说：“这种题其
shí méi shén me nán dù zài jiā fǎ jì suàn shí rú guǒ kàn cuò le jiā
实没什么难度，在加法计算时，如果看错了加
shù zhǐ yào bǎ duō jiā de jiǎn xia qu bǎ shǎo jiā de jiā shàng jiù kě
数，只要把多加的减下去，把少加的加上就可
yǐ dé dào zhèng què jié guǒ le zhè dào tí bǎ yí gè jiā shù gè wèi
以得到正确结果了。这道题把一个加数个位
shang de kàn chéng le gè wèi jiù shǎo jiā le gè yī bǎ shǎo
上的9看成了6，个位就少加了3个一，把少
jiā de jiā shàng jiù kě yǐ le suǒ
加的3加上就可以了。9－6＝3，432＋3＝435，所
yǐ zhèng què jié guǒ shì
以正确结果是435。”

méng xiǎo bèi diǎn dian tóu shuō kù xiǎo bǎo shuō de zhēn bàng
萌小贝点点头，说：“酷小宝说得真棒！
yòu chì de wèn tí jiù yóu wǒ lái jiě dá zài jiǎn fǎ zhōng chā de biàn
右翅的问题就由我来解答。在减法中，差的变
huà hé bèi jiǎn shù xiāng tóng hé jiǎn shù xiāng fǎn rú guǒ bǎ bèi jiǎn shù
化和被减数相同，和减数相反。如果把被减数
kàn dà le chā jiù gēn zhe biàn dà xiāng fǎn rú guǒ bǎ jiǎn shù kàn
看大了，差就跟着变大；相反，如果把减数看

dà le chā jiù huì biàn xiǎo zhè dào tí shì bǎ bèi jiǎn shù shí wèi shang
大了，差就会变小。这道题是把被减数十位上

de kàn chéng le jiù xiāng dāng bèi jiǎn shù duō le gè shí zhè
的3看成了8，就相当被减数多了5个十，这

yàng chā yě duō le gè shí suǒ yǐ bǎ duō de zhè gè shí jiǎn
样，差也多了5个十，所以，把多的这5个十减

xia qu jiù xíng le
下去就行了。8-3=5，246-50=196。”

méng xiǎo bèi de huà yīn gāng luò bīng hú dié dǒu dòng le liǎng xià
萌小贝的话音刚落，冰蝴蝶抖动了两下

chì bǎng
翅膀。

xiǎo jīng líng gōng zhǔ jīng xǐ de shuō ā wǒ kàn dào tā dòng le
小精灵公主惊喜地说：“啊！我看到它动了！”

bīng hú dié shùn jiān biàn chéng le yì zhī xuàn lán sè de hú dié
冰蝴蝶瞬间变成了一只炫蓝色的蝴蝶，

fēi rù huā cóng dùn shí yì zhī zhī bīng hú dié de bīng xuě mó zhòu bèi
飞入花丛，顿时，一只只冰蝴蝶的冰雪魔咒被

jiě chú le huā cóng jiān fēng fēi dié wǔ gè sè yàn lì de hú dié huān
解除了，花丛间蜂飞蝶舞，各色艳丽的蝴蝶欢

kuài ér yǒu zhì xù de wǔ dǎo shà shì rè nào
快而有秩序地舞蹈，煞是热闹。

xiǎo jīng líng gōng zhǔ cháo kù xiǎo bǎo hé méng xiǎo bèi jū gè gōng
小精灵公主朝酷小宝和萌小贝鞠个躬

shuō tài gǎn xiè nǐ men le
说：“太感谢你们了！”

kù xiǎo bǎo hé méng xiǎo bèi bǎi bai shǒu shuō bù yòng kè qi
酷小宝和萌小贝摆摆手说：“不用客气，

bù yòng kè qi
不用客气！”

hú dié men fēi dào kōng zhōng pái liè zhe gè zhǒng bīn fēn duō cǎi
蝴蝶们飞到空中，排列着各种缤纷多彩

de tú àn xiàng měi lì de yān huā shèng kāi zài kōng zhōng tā men yào
的图案，像美丽的烟花盛开在空中，它们要

yòng zuì měi lì de wǔ zī lái gǎn xiè kù xiǎo bǎo hé méng xiǎo bèi
用最美丽的舞姿来感谢酷小宝和萌小贝。

kù xiǎo bǎo hé méng xiǎo bèi rù mí de kàn zhe qíng bù zì jīn de
酷小宝和萌小贝入迷地看着，情不自禁地

fēi dào kōng zhōng gè sè měi lì de hú dié zǔ chéng yí dào cǎi hóng
飞到空中。各色美丽的蝴蝶，组成一道彩虹

quān bǎ tā men wéi zài zhōng jiān kù xiǎo bǎo hé méng xiǎo bèi xīn lǐ tián
圈把他们围在中间。酷小宝和萌小贝心里甜

tián de měi měi de
甜的，美美的。

数学巫婆来挑战

dà jiā zhèng tiào de kāi xīn tū rán suǒ yǒu de hú dié zài kōng
大家正跳得开心，突然，所有的蝴蝶在空
zhōng pái liè chéng yí gè dà dà de zhōng biǎo hòu bèi dìng zhù le
中排列成一个大大的钟表后被定住了。

jī li gū lū dí lī lī rén lèi xiǎo háir bié dé yì shù
“叽里咕噜嘀哩哩，人类小孩儿别得意；数
xué wū pó bù hǎo rě pà jiù gǎn jǐn huí jiā qù yí gè shǒu ná
学巫婆不好惹，怕就赶紧回家去！”一个手拿
mó zhàng dǎ bàn guài yì de wū pó qí zhe shù zì chū xiàn zài
魔杖，打扮怪异的巫婆骑着数字“2”出现在
tiān kōng
天空。

kù xiǎo bǎo hé méng xiǎo bèi xiān zhèng le yí xià zhī dào shì
酷小宝和萌小贝先怔了一下，知道是
shù xué wū pó lái tiǎo zhàn le cóng kù xiǎo bǎo hé méng xiǎo bèi chū shēng
数学巫婆来挑战了。从酷小宝和萌小贝出生
hòu mā ma jiù měi tiān gěi tā men dú ér gē hái suí kǒu biān gē cí
后，妈妈就每天给他们读儿歌，还随口编歌词
lái chàng tè bié shì méng xiǎo bèi shòu mā ma de yǐng xiǎng jīng cháng
来唱。特别是萌小贝，受妈妈的影响，经常
biān shùn kǒu liū
编顺口溜。

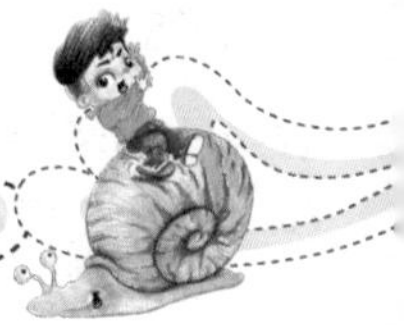

yú shì méng xiǎo bèi yě xué wū pó de kǒu qì shuō jī li
于是，萌小贝也学巫婆的口气说：“叽里
gū lū dí lī lī shù xué wū pó tīng zǐ xì dào dǐ shéi de shù xué
咕噜嘀哩哩，数学巫婆听仔细，到底谁的数学
hǎo zán men kuài lái bǐ yi bǐ
好？咱们快来比一比。”

wū pó yì tīng qì de liǎn fā qīng shuō jī li gū lū dí
巫婆一听，气得脸发青，说：“叽里咕噜嘀
lī lī shù xué wū pó hái pà bǐ dà sài yì cháng jué shèng fù bǎi
哩哩，数学巫婆还怕比？大赛一场决胜负，百
fēn zhī bǎi wǒ dì yī xiǎo háir tīng zhe
分之百我第一。小孩儿听着！”

kù xiǎo bǎo shuō wǒ men bù jiào xiǎo hái wǒ shì kù xiǎo bǎo
酷小宝说：“我们不叫小孩！我是酷小宝，
tā shì méng xiǎo bèi
她是萌小贝！”

wū pó gèng qì le kù xiǎo bǎo méng xiǎo bèi tīng zhe gē ge
巫婆更气了：“酷小宝，萌小贝听着：哥哥
cháng dì di duǎn liǎng rén sài pǎo dà jiā kàn gē ge pǎo le shí èr
长，弟弟短，两人赛跑大家看。哥哥跑了十二
quān dì di yì quān cái pǎo wán zhè dào dǐ shì zěn me huí shì
圈，弟弟一圈才跑完。这到底是怎么回事？”

kù xiǎo bǎo xī xī xiào le gē ge shì zhōng biǎo shang de fēn
酷小宝嘻嘻笑了：“哥哥是钟表上的分
zhēn dì di shì shí zhēn fēn zhēn zǒu yì quān shì fēn yě jiù
针，弟弟是时针。分针走一圈，是60分，也就
shì yì xiǎo shí fēn zhēn zǒu quān shì xiǎo shí shí zhēn zhèng hǎo
是一小时。分针走12圈，是12小时，时针正好

zǒu yì quān
走一圈。”

méng xiǎo bèi gē gē xiào tā men hái yǒu yí gè yòu shòu yòu gāo
萌小贝咯咯笑：“他们还有一个又瘦又高

de dì di jiào miǎo zhēn miǎo zhēn zǒu yí bù shì yì miǎo zǒu yì
的弟弟，叫秒针，秒针走一步是一秒；走一

quān shì miǎo yě jiù shì yì fēn zhōng miǎo zhēn zǒu de zuì kuài
圈，是60秒，也就是一分钟。秒针走得最快，

miǎo zhēn zǒu yì quān fēn zhēn cái zǒu yì xiǎo gé ne
秒针走一圈，分针才走一小格呢！”

wū pó fèn nù de shuō jī li gū lū dí lī lī xiǎo pì hái
巫婆愤怒地说：“叽里咕噜嘀哩哩，小屁孩

xiān bié dé yì zán men sān gè jì xù bǐ hòu miàn hái yǒu gèng nán
先别得意！咱们三个继续比，后面还有更难

de nǐ men kě zhī dào xiàn zài shì jǐ shí jǐ fēn
的。你们可知道现在是几时几分？”

kù xiǎo bǎo hé méng xiǎo bèi kàn le xià hú dié zǔ chéng de zhōng
酷小宝和萌小贝看了下蝴蝶组成的钟

biǎo fēn zhēn zhǐ zhe shù zì shí zhēn zhǐ zài shù zì fù jìn
表：分针指着数字11，时针指在数字8附近。

kù xiǎo bǎo xī xī xiào zhe shuō zhè yàng de tí wǒ de tóng
酷小宝嘻嘻笑着说：“这样的题，我的同

xué jīng cháng chū cuò tā men jīng cháng wù jiě wéi shí fēn wǒ hé
学经常出错，他们经常误解为8时55分。我和

méng xiǎo bèi cóng bù huì chū cuò yīn wèi wǒ men zú gòu xì xīn
萌小贝从不会出错，因为我们足够细心。”

méng xiǎo bèi jiē zhe shuō rú guǒ shì shí fēn de huà chā
萌小贝接着说：“如果是8时55分的话，差

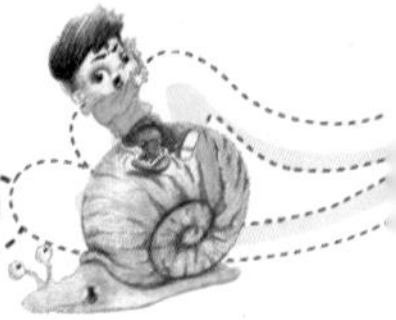

5分钟就9时了，时针应该快指向9了，但是，我们可以看到实际上时针紧挨着数字8。”

酷小宝补充道：“也就是说，时针差一点就指向8了，还不到8时，所以现在应该是7时55分。”

数学巫婆冷冷地说：“有意思，想不到你们小小年纪不简单，咱们继续比下去！”

酷小宝和萌小贝齐声说：“比就比，请出题！”

数学巫婆问：“如果我们的比赛还需要55分钟，什么时候结束？”

酷小宝看了一下蝴蝶组成的钟表，分针指着数字1，时针指在数字8附近，说：“现在是8时5分，再加55分钟，5分+55分=60分，也就

shì yí gè xiǎo shí shí jiā shí shì shí
是一个小时，8时加1时是9时。”

méng xiǎo bèi wēi xiào zhe shuō liè shì shì shí fēn fēn shí
萌小贝微笑着说：“列式是8时5分+55分=9时。”

shù xué wū pó tīng kù xiǎo bǎo hé méng xiǎo bèi qīng xī liú lì de huí dá bù yóu diǎn dian tóu shuō ǹ wán quán zhèng què
数学巫婆听酷小宝和萌小贝清晰、流利的回答，不由点点头，说：“嗯！完全正确！”

shù xué wū pó de huà yīn gāng luò hú dié men dǒu dòng liǎng xià chì bǎng fēn fēn fēi dào kù xiǎo bǎo hé méng xiǎo bèi shēn hòu xiǎo jīng líng gōng zhǔ fēi dào méng xiǎo bèi ěr páng shuō nǐ men zhēn lì hai wǒ tài pèi fú nǐ men le
数学巫婆的话音刚落，蝴蝶们抖动两下翅膀，纷纷飞到酷小宝和萌小贝身后。小精灵公主飞到萌小贝耳旁，说：“你们真厉害！我太佩服你们了。”

shù xué wū pó shuō xiǎo jiā huo xiān bié gāo xìng tài zǎo hòu miàn hái yǒu hěn duō shù xué mó zhòu rú guǒ nǐ men dōu néng pò jiě wǒ xīn fú kǒu fú rú guǒ yǒu yí dào tí chū xiàn shī wù jiù huì lìng zhěng gè jīng líng gǔ chóng xīn dòng jié
数学巫婆说：“小家伙，先别高兴太早，后面还有很多数学魔咒，如果你们都能破解，我心服口服。如果有一道题出现失误，就会令整个精灵谷重新冻结。”

kù xiǎo bǎo hé méng xiǎo bèi wò jǐn quán tóu yì qǐ shuō wǒ
酷小宝和萌小贝握紧拳头，一起说：“我

men yí dìng huì ràng nǐ xīn fú kǒu fú de
们一定会让你心服口服的！”

shù xué wū pó lěng xiào yì shēng hǎo ba zhù nǐ men hǎo
数学巫婆冷笑一声：“好吧！祝你们好

yùn shuō wán qí zhe shù zì yáng cháng ér qù
运！”说完骑着数字“2”扬长而去。

解救国王、王后

xiǎo jīng líng gōng zhǔ fēi cháng xìn rèn kù xiǎo bǎo hé méng xiǎo bèi
小精灵公主非常信任酷小宝和萌小贝，
shuō wǒ xiāng xìn nǐ men yí dìng néng xíng qǐng nǐ men xiān qù jiù wǒ
说：“我相信你们一定能行！请你们先去救我
de fù wáng hé mǔ hòu hǎo ma
的父王和母后，好吗？”

kù xiǎo bǎo hé méng xiǎo bèi diǎn dian tóu zán men mǎ shàng
酷小宝和萌小贝点点头：“咱们马上
jiù qù
就去！”

kù xiǎo bǎo hé méng xiǎo bèi suí xiǎo jīng líng gōng zhǔ fēi dào yí piàn
酷小宝和萌小贝随小精灵公主飞到一片
qī sè huā hǎi qián zhēn shi huā de hǎi yáng qī piàn huā bàn qī zhǒng
七色花海前。真是花的海洋：七片花瓣，七种
sè cǎi fēi cháng yàn lì huā xiāng yí rén huā hǎi qián yǒu liǎng gè bīng
色彩，非常艳丽，花香怡人。花海前有两个冰
rén wéi miào wéi xiào qí zhōng yí gè guó wáng dǎ bàn de rén zhèng zài
人，惟妙惟肖，其中一个国王打扮的人正在
gěi wáng hòu dài yì duǒ qī sè huā kù xiǎo bǎo hé méng xiǎo bèi zhī dào
给王后戴一朵七色花。酷小宝和萌小贝知道，
zhè jiù shì jīng líng gǔ de guó wáng hé wáng hòu
这就是精灵谷的国王和王后。

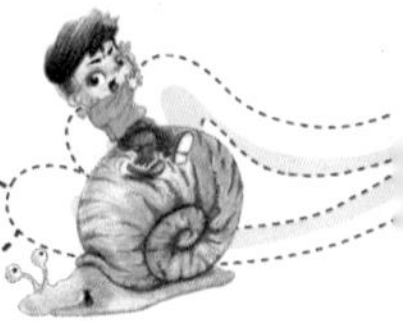

méng xiǎo bèi cāi xiǎng zài shù xué wū pó xià bīng xuě mó zhòu de
萌小贝猜想：在数学巫婆下冰雪魔咒的

shí hou guó wáng hé wáng hòu zhèng zài qī sè huā hǎi sàn bù wáng hòu
时候，国王和王后正在七色花海散步。王后

shuō zhè huā zhēn měi guó wáng jiù cǎi xià yì duǒ qī sè huā gěi wáng hòu
说这花真美，国王就采下一朵七色花给王后

dài zài fā jì shang
戴在发髻上。

kù xiǎo bǎo gāng yào shuō huà shù xué wū pó qí zhe shù zì
酷小宝刚要说话，数学巫婆骑着数字“2”

chū xiàn zài bàn kōng shuō xiǎo jiā huo zhù nǐ men hǎo yùn
出现在半空，说：“小家伙，祝你们好运！”

méng xiǎo bèi wēi xiào zhe shuō qǐng nín chū tí
萌小贝微笑着说：“请您出题！”

shù xué wū pó huī yi huī shǒu zhōng de mó zhàng tiān kōng chū xiàn
数学巫婆挥一挥手中的魔杖，天空出现

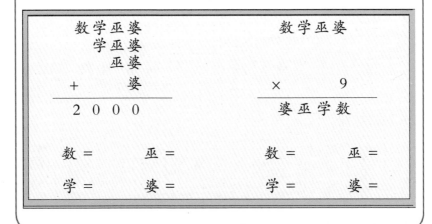

le liǎng dào shù xué tí
了两道数学题：

数学巫婆 学巫婆 巫婆 + 婆 ——— 2000	数学巫婆 × 9 ——— 婆巫学数
数 = 　　巫 =	数 = 　　巫 =
学 = 　　婆 =	学 = 　　婆 =

méng xiǎo bèi kàn le yì yǎn shuō suàn shì mí ya tài jiǎn
萌小贝看了一眼，说：“算式谜呀？太简
dān le
单了！”

kù xiǎo bǎo xiào xī xī de shuō hā hā xiǎo cài yì dié wǒ
酷小宝笑嘻嘻地说：“哈哈，小菜一碟，我
zuì xǐ huan suàn shì mí le
最喜欢算式谜了！”

shù xué wū pó zhòu le zhòu méi tóu shuō xiān bié chuī niú jiě
数学巫婆皱了皱眉头，说：“先别吹牛，解
dá wán le zhè liǎng dào tí zài chuī xū zì jǐ yǒu duō lì hai ba
答完了这两道题再吹嘘自己有多厉害吧！”

kù xiǎo bǎo xiǎng le xiǎng shuō dì yī tí shù xué
酷小宝想了想说：“第一题，数=1，学=
wū pó
4，巫=6，婆=5。”

méng xiǎo bèi shuō dì èr tí shù xué wū
萌小贝说：“第二题，数=1，学=0，巫=8，
pó
婆=9。”

shù xué wū pó tīng dào kù xiǎo bǎo hé méng xiǎo bèi de dá àn
数学巫婆听到酷小宝和萌小贝的答案，
jīng yà de zhāng dà le zuǐ ba
惊讶地张大了嘴巴。

kù xiǎo bǎo hé méng xiǎo bèi xiào xī xī de wèn zěn me yàng
酷小宝和萌小贝笑嘻嘻地问：“怎么样？
wǒ men dá duì le ba
我们答对了吧？”

数学巫婆拧着眉头，说："解释一下，否则，我怎么知道你们是不是从哪里偷看来的答案？"

酷小宝自信地说："我来解释第一题。做算式谜题，首先要找出关键的突破点。'数学巫婆'这四个字，代表不同的数字。我先看个位，个位上的四个'婆'相加的得数个位是0，所以'婆'字可能是数字0或5。但是，如果'婆'字代表0的话，那么，没有进位，3个'巫'相加不可能出现0，所以，'婆'=5。四五二十，向十位进2，那么3个'巫'相加的

个位应该是数字8，三六十八，所以‘巫’=6。18加2等于20，又向百位进2，所以两个‘学’相加的个位上是8，二九十八，二四得八，所以‘学’可能是9或4。如果‘学’=9，两个‘学’相加等于18，再加上进位的2等于20，向千位进2，‘数’就只能等于0了。因为‘数’不可能是0，所以，‘学’也不能是9，‘学’=4，那么，‘数’=1。”

萌小贝说：“我来解说第二题。一个四位数乘9后还是四位数，说明这个四位数的最高位只能是1，也就是说，‘数’=1。百位上的‘学’就只能等于0。接下来，我们再看个位，‘婆’乘9的个位是1，因为九九八十一，所以，‘婆’=9，那么，‘巫’=8。”

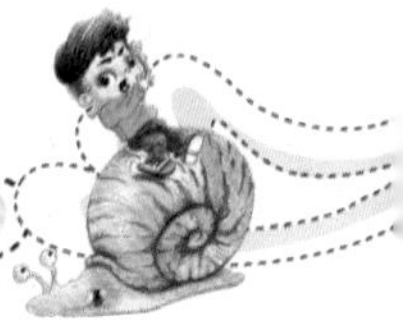

kù xiǎo bǎo hé méng xiǎo bèi zài jiě shuō de tóng shí tiān kōng de
酷小宝和萌小贝在解说的同时，天空的
suàn shì suí zhe tā men de jiě shuō fā shēng zhe biàn huà
算式随着他们的解说发生着变化：

shù xué wū pó tīng kù xiǎo bǎo hé méng xiǎo bèi shuō de tóu tóu shì
数学巫婆听酷小宝和萌小贝说得头头是
dào bù jīn lián lián diǎn tóu shuō zhēn lì hai wǒ dōu yǒu diǎn xǐ
道，不禁连连点头，说：“真厉害，我都有点喜
huan nǐ men le
欢你们了！”

shù xué wū pó de huà yīn gāng luò guó wáng wáng hòu shēn shang
数学巫婆的话音刚落，国王、王后身上
shǎn guò yí dào càn làn de yáng guāng shùn jiān jiě dòng
闪过一道灿烂的阳光，瞬间解冻。

```
  1 4 6 5
  数学巫婆
    学巫婆
      巫婆
+       婆
----------
  2 0 0 0

数=1   巫=6
学=4   婆=5
```

```
   1 0 8 9
   数学巫婆
×        9
-----------
   婆巫学数
   9 8 0 1

数=1   巫=8
学=0   婆=9
```

解除城堡魔咒

guó wáng hé wáng hòu kàn dào yǎn qián de kù xiǎo bǎo hé méng xiǎo bèi xià le yí tiào xiǎo jīng líng gǎn máng shàng qián jiě shì

国王和王后看到眼前的酷小宝和萌小贝吓了一跳，小精灵赶忙上前解释。

tīng le xiǎo jīng líng de jiě shì guó wáng hé wáng hòu xiàng kù xiǎo bǎo hé méng xiǎo bèi zhì xiè bìng yāo qǐng tā men dào tā de chéng bǎo zuò kè

听了小精灵的解释，国王和王后向酷小宝和萌小贝致谢，并邀请他们到他的城堡做客。

shù xué wū pó lè le lěng xiào yì shēng shuō qù chéng bǎo zuò kè xiān jiě chú le chéng bǎo de bīng xuě mó zhòu zài shuō ba

数学巫婆乐了，冷笑一声说：“去城堡做客？先解除了城堡的冰雪魔咒再说吧！”

kù xiǎo bǎo hé méng xiǎo bèi bù yuē ér tóng de shuō xiǎo cài yì dié

酷小宝和萌小贝不约而同地说：“小菜一碟！”

guó wáng chóng bài de kàn le tā liǎ yì yǎn hé wáng hòu shān dòng měi lì de chì bǎng fēi zài qián miàn dài lù xiǎo jīng líng gōng zhǔ

国王崇拜地看了他俩一眼，和王后扇动美丽的翅膀，飞在前面带路。小精灵公主、

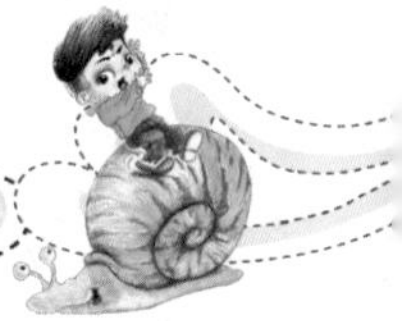

kù xiǎo bǎo hé méng xiǎo bèi pū shàn zhe chì bǎng jǐn suí qí hòu shù xué
酷小宝和萌小贝扑扇着翅膀紧随其后。数学
wū pó dāng rán yě jǐn jǐn gēn zài hòu miàn
巫婆当然也紧紧跟在后面。

tā men lái dào yí zuò huá lì de chéng bǎo qián bīng lěng de chéng
他们来到一座华丽的城堡前，冰冷的城
bǎo mén jǐn bì zhe
堡门紧闭着。

kù xiǎo bǎo shàng qián yòng shǒu chù mō dào chéng bǎo mén mén shang
酷小宝上前用手触摸到城堡门，门上
chū xiàn le yí dào shù xué tí
出现了一道数学题：

bǎ xià miàn zhè ge tú xíng fēn chéng sì kuài shǐ měi kuài de dà
把下面这个图形分成四块，使每块的大
xiǎo xíng zhuàng wán quán xiāng tóng bìng qiě měi kuài dōu yǒu yì kē xīng
小、形状完全相同，并且每块都有一颗星。

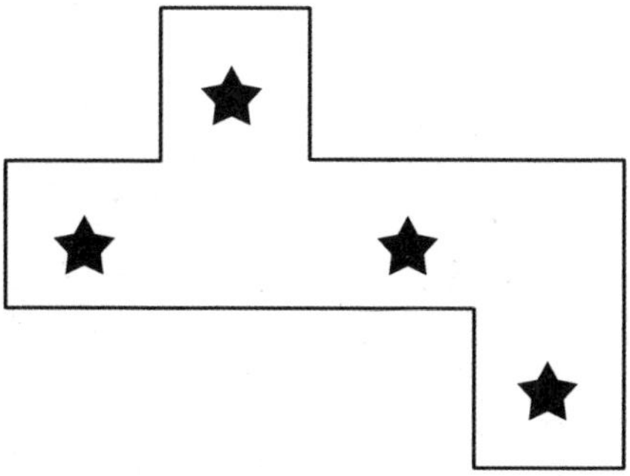

kàn wán tí mù kù xiǎo bǎo mō le mō hòu nǎo sháo
看完题目，酷小宝摸了摸后脑勺。

shù xué wū pó kàn chū kù xiǎo bǎo bèi nán zhù kāi xīn de xiào qi lai
数学巫婆看出酷小宝被难住，开心地笑起来：

zěn me yàng bèi nán dǎo le ba
“怎么样？被难倒了吧？”

méng xiǎo bèi yě xiào le nín gāo xìng de yǒu diǎn zǎo le wǒ gěi nín fēn yi fēn ba
萌小贝也笑了：“您高兴得有点早了，我给您分一分吧！”

méng xiǎo bèi zài tú xíng shang huà le sān xià shuō kàn zěn me yàng wǒ fēn de bú cuò ba
萌小贝在图形上画了三下，说：“看！怎么样？我分得不错吧？”

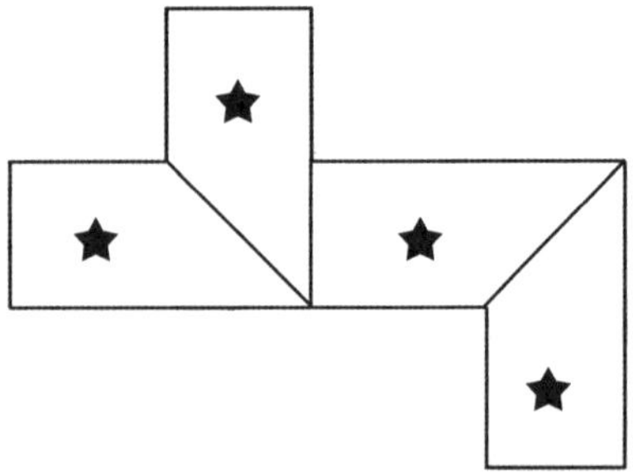

shù xué wū pó bù gān xīn de wèn shuō shuo nǐ shì zěn me xiǎng de
数学巫婆不甘心地问：“说说你是怎么想的？”

méng xiǎo bèi shuō wǒ xiān zài nǎo zi li bǎ zhè ge tú xíng fēn
萌小贝说：“我先在脑子里把这个图形分

chéng le liù gè xiǎo zhèng fāng xíng
成了六个小正方形。”

méng xiǎo bèi shuō de tóng shí chéng bǎo mén shang de tú xíng suí
萌小贝说的同时，城堡门上的图形随

méng xiǎo bèi de huà fā shēng zhe biàn huà
萌小贝的话发生着变化：

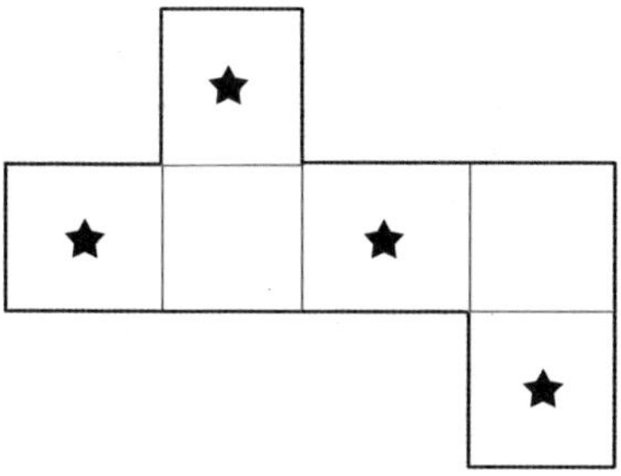

liù gè xiǎo zhèng fāng xíng zhōng yǒu sì gè zhōng gè yǒu yì kē
六个小正方形中，有四个中各有一颗

xīng hái shèng liǎng gè xiǎo zhèng fāng xíng
星，还剩两个小正方形。

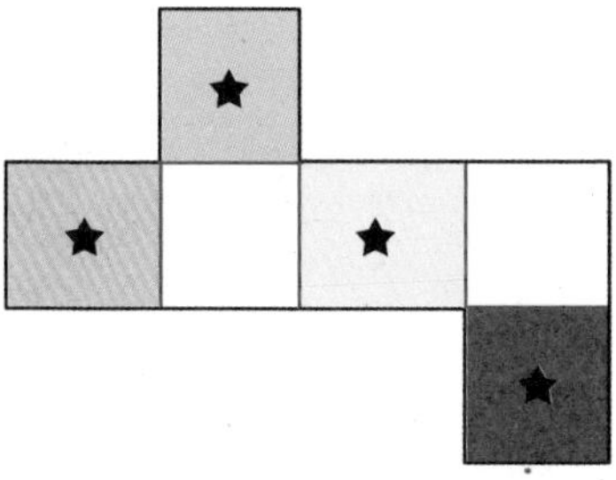

bǎ shèng xià de liǎng gè xiǎo zhèng fāng xíng gè fēn yí bàn gěi měi
把剩下的两个小正方形各分一半给每

kē xīng
颗星。

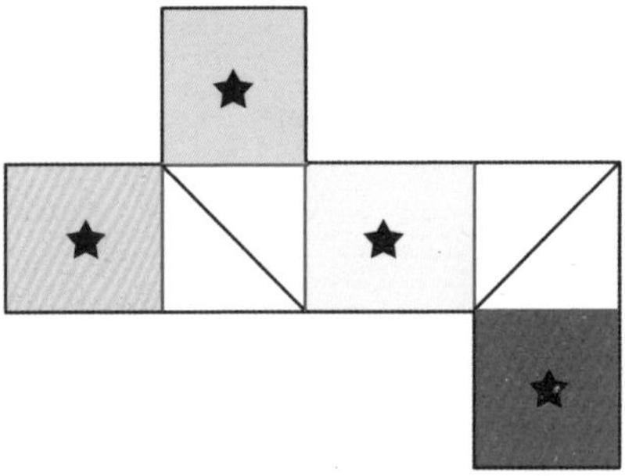

jiù fēn chéng le sì kuài dà xiǎo xíng zhuàng wán quán xiāng tóng de
就分成了四块大小、形状完全相同的

tú xíng
图形。

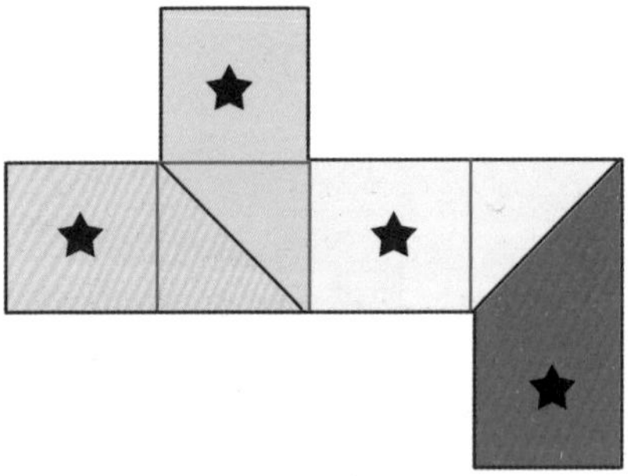

shù xué wū pó tīng zhe méng xiǎo bèi de jiǎng jiě kàn zhe bú duàn
数学巫婆听着萌小贝的讲解，看着不断

biàn huà de tú àn bú tíng de diǎn tóu qiě miàn lù jīng xǐ
变化的图案，不停地点头，且面露惊喜。

chéng bǎo de bīng xuě mó zhòu bèi jiě chú chéng mén zhī de yì
城堡的冰雪魔咒被解除，城门“吱”的一

shēng dǎ kāi le
声打开了。

guó wáng hé wáng hòu lián lián kuā zàn méng xiǎo bèi kuā de méng
国王和王后连连夸赞萌小贝，夸得萌

xiǎo bèi dōu bù hǎo yì si le
小贝都不好意思了。

唤醒所有小精灵

guó wáng bǎ kù xiǎo bǎo hé méng xiǎo bèi qǐng jìn chéng bǎo chéng
国王把酷小宝和萌小贝请进城堡，城
bǎo shē huá què lěng qīng yīn wèi suǒ yǒu de xiǎo jīng líng dōu hái zài bīng
堡奢华却冷清，因为所有的小精灵都还在冰
dòng zhōng
冻中。

kù xiǎo bǎo zhī dào guó wáng yí dìng xiǎng mǎ shàng huàn xǐng suǒ yǒu
酷小宝知道国王一定想马上唤醒所有
de xiǎo jīng líng kù xiǎo bǎo zǒu dào yí gè bīng dòng de xiǎo jīng líng qián
的小精灵。酷小宝走到一个冰冻的小精灵前，
shàng miàn bìng méi yǒu shù xué tí
上面并没有数学题。

qí zhe shù zì gēn lái de shù xué wū pó zhī dào kù xiǎo
骑着数字“2”跟来的数学巫婆知道酷小
bǎo de xīn si shuō kù xiǎo bǎo mó zhòu zài wǒ zhè lǐ bù
宝的心思，说：“酷小宝，魔咒在我这里，不
guò nán dù fēi cháng dà rú guǒ nǐ shī bài de huà suǒ yǒu yǐ jīng
过，难度非常大。如果你失败的话，所有已经
jiě dòng de
解冻的——”

méi děng shù xué wū pó shuō wán kù xiǎo bǎo hé méng xiǎo bèi qí
没等数学巫婆说完，酷小宝和萌小贝齐

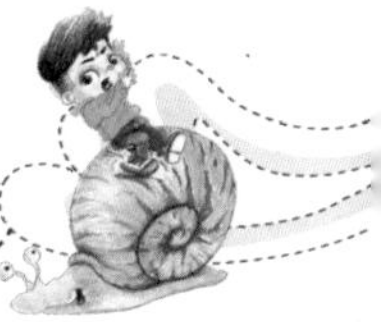

shēng shuō wǒ men bú huì shī bài
声说："我们不会失败！"

shù xué wū pó wēi xiào le wǒ jiù xǐ huan gǎn yú tiǎo zhàn de
数学巫婆微笑了："我就喜欢敢于挑战的

hái zi shuō wán ná chū mó zhàng zài kōng zhōng yì huī dì miàn
孩子！"说完，拿出魔杖在空中一挥，地面

shang chū xiàn le sān gè dà zhǐ xiāng
上出现了三个大纸箱。

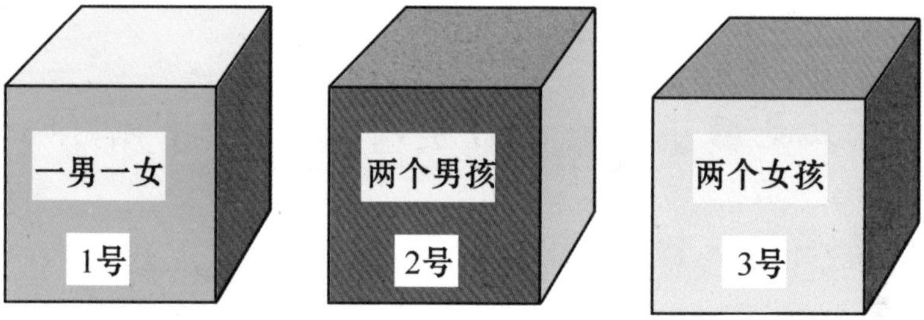

shù xué wū pó shuō měi gè zhǐ xiāng li gè yǒu liǎng gè bīng
数学巫婆说："每个纸箱里各有两个冰

dòng de xiǎo jīng líng yǒu nán hái yě yǒu nǚ hái shàng miàn tiē zhe biāo
冻的小精灵，有男孩也有女孩。上面贴着标

qiān dàn dōu shì cuò de nǐ kě yǐ xuǎn zé qí zhōng yí gè zhǐ xiāng
签，但都是错的。你可以选择其中一个纸箱，

kàn dào qí zhōng de yí gè xiǎo jīng líng rán hòu rú guǒ nǐ néng bǎ biāo
看到其中的一个小精灵。然后，如果你能把标

qiān diào huàn zhèng què suǒ yǒu de xiǎo jīng líng jiù huì jiě dòng
签调换正确，所有的小精灵就会解冻。"

zhè cì méng xiǎo bèi bèi nán zhù le sān gè zhǐ xiāng zhǐ néng
这次，萌小贝被难住了。三个纸箱，只能

kàn dào qí zhōng yí gè xiǎo jīng líng zhè kě zhēn gòu nán de méng xiǎo
看到其中一个小精灵，这可真够难的。萌小
bèi de nǎo zi li yì tuán luàn má xiǎng dào zhěng gè jīng líng gǔ yòu yào
贝的脑子里一团乱麻，想到整个精灵谷又要
bèi bīng dòng dòu dà de hàn zhū tǎng xia lai
被冰冻，豆大的汗珠淌下来。

kù xiǎo bǎo mō mo hòu nǎo sháo dīng zhe sān gè zhǐ xiāng xiǎng le
酷小宝摸摸后脑勺，盯着三个纸箱想了
xiǎng tū rán jī dòng de shuō wǒ lái
想，突然激动地说：“我来！”

zhǐ jiàn kù xiǎo bǎo zǒu xiàng hào zhǐ xiāng shǒu gāng gāng shēn dào
只见酷小宝走向1号纸箱，手刚刚伸到
zhǐ xiāng qián yí gè bīng dòng de xiǎo jīng líng zì jǐ tiào le chū lái shì
纸箱前，一个冰冻的小精灵自己跳了出来，是
gè nǚ hái yì tóu chéng sè de cháng fà huáng sè de chì bǎng
个女孩，一头橙色的长发，黄色的翅膀，
chéng huáng xiāng jiàn de tǒng qún fēi cháng kě ài dàn xiǎo jīng líng zhǐ
橙黄相间的筒裙，非常可爱。但小精灵只
zài wài miàn tíng liú le miǎo zhōng yòu huí dào le zhǐ xiāng li xiàn
在外面停留了5秒钟，又回到了纸箱里。现
zài kù xiǎo bǎo zhī dào le hào zhǐ xiāng li yǒu yí gè xiǎo jīng líng shì
在，酷小宝知道了1号纸箱里有一个小精灵是
nǚ hái
女孩。

méng xiǎo bèi wèi kù xiǎo bǎo niē le bǎ hàn
萌小贝为酷小宝捏了把汗。

kù xiǎo bǎo què zì xìn de bǎ gè biāo qiān dōu jiē xia lai rán
酷小宝却自信地把3个标签都揭下来，然

hòu chóng xīn tiē hǎo xiàng shù xué wū pó jū gè gōng wèn qǐng nín

后重新贴好，向数学巫婆鞠个躬，问：“请您

kàn kan zhèng què ma

看看正确吗？”

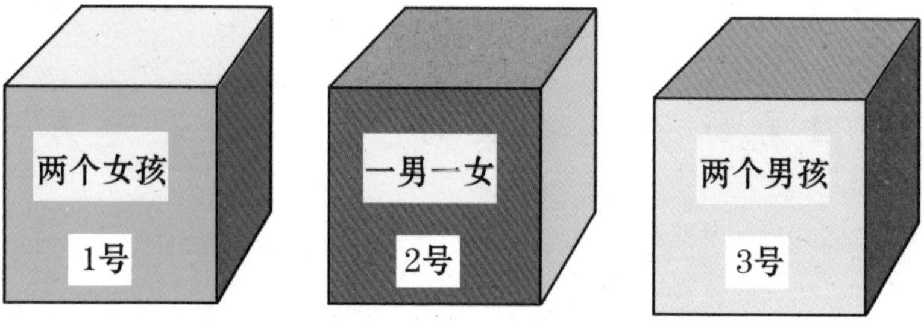

shù xué wū pó diǎn dian tóu shuō shuo lǐ yóu

数学巫婆点点头：“说说理由？”

méng xiǎo bèi kàn zhe kù xiǎo bǎo tiē hǎo de biāo qiān huò rán kāi lǎng shuō hái shi ràng wǒ shuō ba wǒ xiàn zài yǐ jīng míng bai le

萌小贝看着酷小宝贴好的标签，豁然开朗，说：“还是让我说吧！我现在已经明白了。

yīn wèi suǒ yǒu de biāo qiān dōu shì cuò wù de hào zhǐ xiāng shang xiě zhe yì nán yì nǚ jiù yí dìng bú shì yì nán yì nǚ zhǐ néng shì liǎng gè nán hái huò zhě liǎng gè nǚ hái suǒ yǐ kù xiǎo bǎo xuǎn zé kàn hào zhǐ xiāng zhōng de yí gè xiǎo jīng líng chū lái de shì nǚ hái nà me bú yòng kàn lìng yí gè xiǎo jīng líng yě yí dìng shì

因为所有的标签都是错误的，1号纸箱上写着“一男一女”，就一定不是“一男一女”，只能是两个男孩或者两个女孩。所以酷小宝选择看1号纸箱中的一个小精灵，出来的是女孩，那么，不用看，另一个小精灵也一定是

女孩。因为标签是错误的！呵呵！”

酷小宝点点头，接着说：“对！如果出来的是个男孩，那么，里面另一个也一定是男孩。因为标签是错误的！不可能是一男一女，哈哈！”

萌小贝接着说：“现在，1号纸箱里是两个女孩，那么，2号纸箱就可能是“两个男孩”或“一男一女”，因为标签是错误的，所以2号纸箱上贴着“两个男孩”，就一定不是两个男孩，只剩“一男一女”这一种情况！那么，3号纸箱就是两个男孩。”

国王、王后和小精灵公主听着萌小贝绕口令似的解释，一头雾水，数学巫婆却笑眯了眼睛。

sān gè zhǐ xiāng biàn chéng yí dào cǎi hóng fēi shàng tiān kōng rán
三个纸箱变成一道彩虹飞上天空，然
hòu yòu huà chéng wú shù cǎi sè de xīng xīng jiàng luò dào xiǎo jīng líng wáng
后又化成无数彩色的星星降落到小精灵王
guó de měi yí gè jiǎo luò suǒ yǒu de xiǎo jīng líng dōu sū xǐng guo lai
国的每一个角落。所有的小精灵都苏醒过来，
cóng sì miàn bā fāng fēi lái
从四面八方飞来。

舞会上的难题

guó wáng hé suǒ yǒu xiǎo jīng líng dōu fēi cháng gǎn jī kù xiǎo bǎo hé

国王和所有小精灵都非常感激酷小宝和

méng xiǎo bèi yào wèi tā men jǔ bàn yí cì shèng dà de wǔ huì

萌小贝，要为他们举办一次盛大的舞会。

kù xiǎo bǎo hé méng xiǎo bèi dāng rán tè bié kāi xīn de dā ying

酷小宝和萌小贝当然特别开心地答应

le tā men fēi cháng qī dài xiǎo jīng líng men jīng cǎi de wǔ dǎo biǎo yǎn

了，他们非常期待小精灵们精彩的舞蹈表演。

xiǎo jīng líng gōng zhǔ chéng xīn yāo qǐng shù xué wū pó cān jiā wǔ

小精灵公主诚心邀请数学巫婆参加舞

huì kù xiǎo bǎo hé méng xiǎo bèi yě zhēn chéng de yāo qǐng shù xué wū pó

会，酷小宝和萌小贝也真诚地邀请数学巫婆

cān jiā shù xué wū pó de liǎn hóng le tā shuō nǐ men dōu shì xīn

参加。数学巫婆的脸红了，她说：“你们都是心

xiōng kuān guǎng de rén hé nǐ men xiāng bǐ wǒ zhēn shi tài xiǎo xīn yǎn

胸宽广的人，和你们相比，我真是太小心眼

le xiǎo gōng zhǔ zhǐ bú guò shì kàn dào wǒ shí jīng yà de jiào le yì

了。小公主只不过是看到我时惊讶地叫了一

shēng wǒ jiù bīng dòng le zhěng gè jīng líng gǔ xiàn zài qǐng nǐ men yuán

声，我就冰冻了整个精灵谷。现在请你们原

liàng wǒ

谅我！”

xiǎo jīng líng gōng zhǔ bù hǎo yì si de dī xià le tóu shuō
小精灵公主不好意思地低下了头，说：

wǒ yě bú duì qí shí tā xiàn zài jué de zì jǐ zhēn de
“我也不对，其实……”她现在觉得自己真的

bù yīng gāi suí biàn shuō yí gè rén zhǎng de chǒu
不应该随便说一个人长得丑。

shù xué wū pó shuō hǎo le bié shuō le wǒ shì zhǎng de
数学巫婆说：“好了，别说了，我是长得

chǒu le diǎn xià dào nǐ le
丑了点，吓到你了。”

guó wáng shuō gōng zhǔ què shí bú duì nín néng yuán liàng tā
国王说：“公主确实不对，您能原谅她，

wǒ gǎn dào hěn gāo xìng
我感到很高兴。”

kù xiǎo bǎo hé méng
酷小宝和萌

xiǎo bèi tīng zhe tā men de
小贝听着他们的

duì huà zhōng yú míng bai
对话，终于明白

le xiǎo jīng líng gōng zhǔ shì
了小精灵公主是

zěn me dé zuì shù xué wū
怎么得罪数学巫

pó de tā men yě gǎn jué
婆的。他们也感觉

qǔ xiào yí gè rén de zhǎng
取笑一个人的长

xiàng yě què shí bú duì
相也确实不对。

xiǎo jīng líng men zǎo yǐ jīng fēn tóu qù zhǔn bèi wǔ huì le hěn kuài
小精灵们早已经分头去准备舞会了，很快

jiù yǒu xiǎo jīng líng tōng zhī dà jiā wǔ huì chǎng yǐ jīng bù zhì hǎo le
就有小精灵通知大家舞会场已经布置好了。

kù xiǎo bǎo méng xiǎo bèi hé xiǎo jīng líng gōng zhǔ suí guó wáng
酷小宝、萌小贝和小精灵公主随国王、

wáng hòu zài wǔ huì chǎng lǜ yīn yīn de dì tǎn shang zǒu guò jiǎo xià suí
王后在舞会场绿茵茵的地毯上走过，脚下随

zhe yì chuàn yuè ěr de yīn fú shèng kāi chū yì duǒ duǒ yàn lì de
着一串悦耳的音符，盛开出一朵朵艳丽的

huār sàn fā chū yòu rén de xiāng wèi jiǎn zhí tài měi le
花儿，散发出诱人的香味，简直太美了。

wǔ huì kāi shǐ le dà jiā yī yī bù rù wǔ chí kù xiǎo bǎo
舞会开始了，大家一一步入舞池，酷小宝

hé méng xiǎo bèi yě hé xiǎo jīng líng men yì qǐ wǔ dǎo
和萌小贝也和小精灵们一起舞蹈。

shù xué wū pó zǒu xià tā de shù zì yě hé dà jiā yì
数学巫婆走下她的数字“2”，也和大家一

qǐ tiào tā tiào qǐ wǔ lái hěn huá jī kù xiǎo bǎo hé méng xiǎo bèi rěn
起跳。她跳起舞来很滑稽，酷小宝和萌小贝忍

bu zhù hā hā xiào qi lai
不住哈哈笑起来。

shù xué wū pó tīng dào kù xiǎo bǎo hé méng xiǎo bèi de xiào shēng
数学巫婆听到酷小宝和萌小贝的笑声，

bēng jǐn le liǎn kù xiǎo bǎo hé méng xiǎo bèi pà rě nù le tā xià de
绷紧了脸。酷小宝和萌小贝怕惹怒了她，吓得

gǎn jǐn zhǐ zhù le xiào
赶紧止住了笑。

kù xiǎo bǎo hé méng xiǎo bèi zhèng hài pà shí shù xué wū pó tū
酷小宝和萌小贝正害怕时，数学巫婆突
rán xiào le shuō xiǎo jiā huo yòu qǔ xiào wǒ hā hā méi guān
然笑了，说：“小家伙，又取笑我？哈哈，没关
xi yīn wèi wǒ běn lái jiù hǎo xiào
系，因为我本来就好笑！”

kù xiǎo bǎo hé méng xiǎo bèi pū chī yòu xiào le xiǎo jīng líng
酷小宝和萌小贝“扑哧”又笑了，小精灵
gōng zhǔ nà biān yě xiào le guó wáng hé wáng hòu yě zǒu guo lai xiào le
公主那边也笑了。国王和王后也走过来笑了，
dà jiā dōu xiào le dàn bú shì è yì de xiào shì kāi xīn de xiào
大家都笑了，但不是恶意的笑，是开心的笑。

zhè shí jǐ gè xiǎo jīng líng gěi tā men sòng xiān huā yǐn liào bǎi
这时，几个小精灵给他们送鲜花饮料，摆
chū gè bēi zi dào mǎn le gè bēi zi shí shù xué wū pó tū rán
出6个杯子，倒满了3个杯子时，数学巫婆突然
hǎn dào tíng
喊道：“停！”

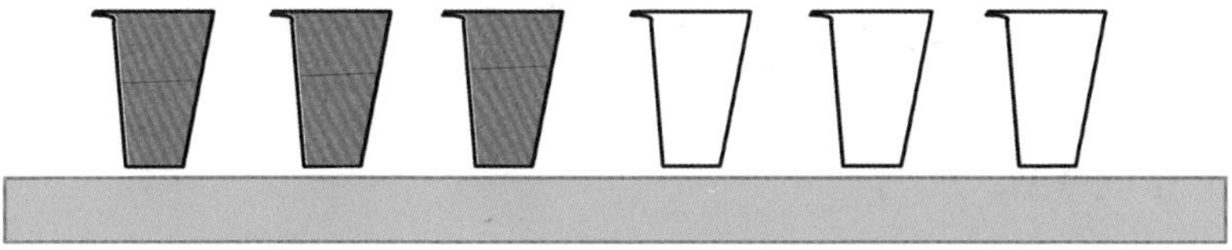

dà jiā dōu lèng le bù zhī dào shù xué wū pó yào zuò shén me
大家都愣了，不知道数学巫婆要做什么。

shù xué wū pó xiào zhe kàn kan kù xiǎo bǎo hé méng xiǎo bèi shuō
数学巫婆笑着看看酷小宝和萌小贝，说：
xiǎo jiā huo nǐ men shéi néng zhǐ dòng qí zhōng yí gè bēi zi ràng zhè
“小家伙，你们谁能只动其中一个杯子，让这
gè bēi zi mǎn bēi hé kōng bēi jiàn gé pái liè
6个杯子满杯和空杯间隔排列？”

dào dǐ shì shù xué wū pó shén me shí hou dōu bú wàng chū shù
到底是数学巫婆，什么时候都不忘出数
xué tí ya
学题呀！

kù xiǎo bǎo hé méng xiǎo bèi zhī dào bú huì tài jiǎn dān dàn hái
酷小宝和萌小贝知道不会太简单，但还
shi kāi xīn yìng zhàn
是开心应战。

kù xiǎo bǎo de dà nǎo fēi sù yùn zhuàn zhe tā xiǎng qián sān
酷小宝的大脑飞速运转着，他想：前三
bēi dōu shì mǎn de xū yào bǎ dì èr bēi ná chu lai kě shì bǎ dì
杯都是满的，需要把第二杯拿出来。可是，把第
èr bēi fàng nǎr ne zài hé zhōng jiān bù xíng zhè yàng qián miàn
二杯放哪儿呢？在4和5中间？不行，这样前面
yǒu liǎng mǎn bēi āi zhe hòu miàn yǒu liǎng gè kōng bēi āi zhe fàng hé
有两满杯挨着，后面有两个空杯挨着。放5和
zhōng jiān yě bù xíng
6中间也不行！

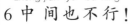

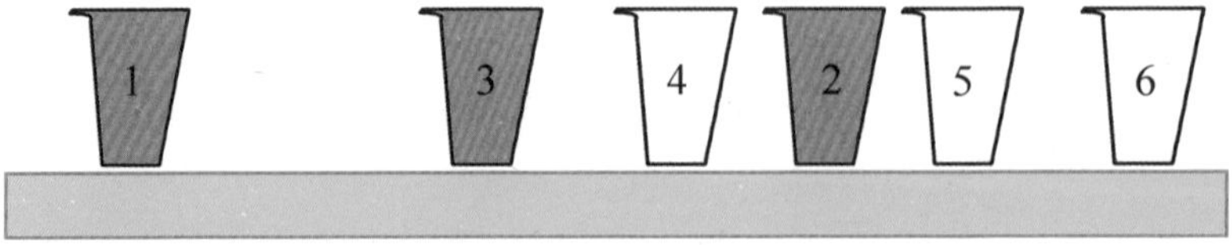

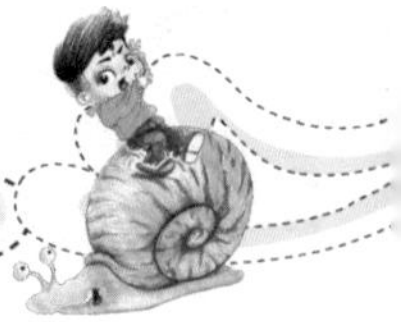

méng xiǎo bèi shuō　qián sān bēi dōu shì mǎn de　rú guǒ dì èr
萌小贝说："前三杯都是满的，如果第二
bēi ná chu lai　yě děi yǒu gè kòng bēi dài tì tā ya　kě shì　zhǐ
杯拿出来，也得有个空杯代替它呀。可是，只
néng dòng yí gè bēi zi　zhè zhēn shi dào fēi cháng nán de shù xué tí
能动一个杯子。这真是道非常难的数学题！"

kù xiǎo bǎo shuō　shì ya　hòu miàn sān bēi dōu shì kōng de　xū
酷小宝说："是呀。后面三杯都是空的，需
yào bǎ dì gè bēi zi ná chu lai huàn chéng mǎn de　kě shì　zhǐ néng
要把第5个杯子拿出来换成满的。可是，只能
dòng yí gè bēi zi　bǎ tā ná chu lai yě bù néng jiě jué wèn tí　yīn wèi
动一个杯子。把它拿出来也不能解决问题，因为
bǎ tā ná chu lai hòu　hé　shì āi zhe de　ér qiě dōu shì kōng de
把它拿出来后，4和6是挨着的，而且都是空的。"

shù xué wū pó hēi hēi xiào le　xiǎo jiā huo　zhōng yú bèi nán
数学巫婆嘿嘿笑了："小家伙，终于被难
zhù le ba　yào bu yào wǒ gào su nǐ men dá àn
住了吧？要不要我告诉你们答案？"

bù yào　kù xiǎo bǎo hé méng xiǎo bèi qí shēng shuō　wǒ men
"不要！"酷小宝和萌小贝齐声说："我们
néng jiě jué
能解决！"

shù xué wū pó zàn xǔ de diǎn dian tóu　hǎo yàng de　wǒ jiù
数学巫婆赞许地点点头："好样的！我就
xǐ huan ài dòng nǎo jīn de hái zi
喜欢爱动脑筋的孩子！"

kù xiǎo bǎo dīng zhe bēi zi　shuō　rú guǒ néng ràng　hé　jiāo
酷小宝盯着杯子，说："如果能让2和5交

huàn yí xià jiù hǎo le kě xī zhǐ néng dòng yí gè bēi zi
换一下就好了。可惜，只能动一个杯子！”

méng xiǎo bèi yǎn li shǎn guò yì dào zhì huì de guāng máng shuō
萌小贝眼里闪过一道智慧的光芒，说：

xiè xie kù xiǎo bǎo nǐ tí xǐng le wǒ
“谢谢酷小宝！你提醒了我！”

tā zǒu shàng qián duān qǐ dì èr gè bēi zi xiào zhe shuō
她走上前，端起第二个杯子，笑着说：

shì zhǐ néng dòng yí gè bēi zi dàn bǐ dòng liǎng gè bēi zi gèng
“是只能动一个杯子，但比动两个杯子更

shěng shì ne shuō zhe bǎ dì èr gè bēi zi li de xiān huā yǐn liào
省事呢。”说着，把第二个杯子里的鲜花饮料

dào rù dì gè bēi zi rán hòu bǎ bēi zi yòu fàng huí yuán chù
倒入第5个杯子，然后把杯子又放回原处。

kù xiǎo bǎo jīng yà de kàn zhe méng xiǎo bèi wán chéng zhè yí xì liè
酷小宝惊讶地看着萌小贝完成这一系列

dòng zuò shuō miào
动作，说：“妙！”

shù xué wū pó qíng bù zì jīn de wèi méng xiǎo bèi gǔ zhǎng zài
数学巫婆情不自禁地为萌小贝鼓掌，在

chǎng de rén dōu wèi méng xiǎo bèi gǔ zhǎng
场的人都为萌小贝鼓掌。

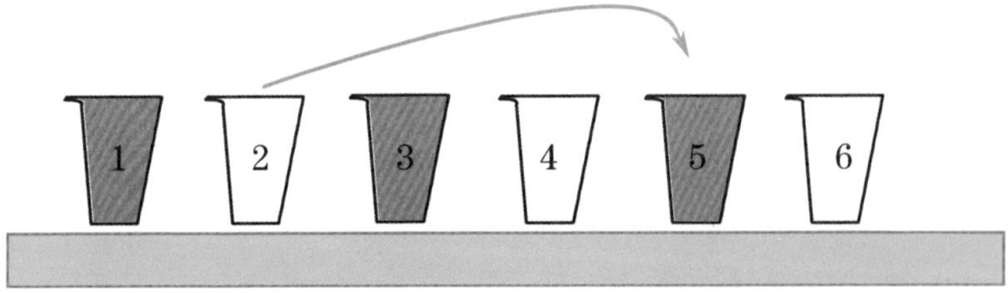

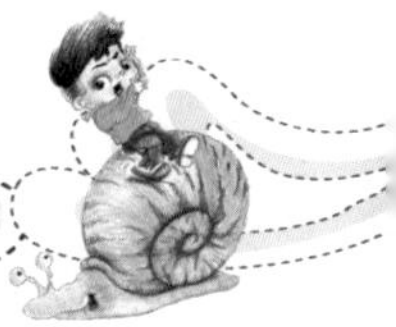

不给数学巫婆做学生

xiǎo jīng líng jiē zhe zhēn mǎn sān gè kōng bēi guó wáng shuō
小精灵接着斟满三个空杯，国王说：
rén lèi zhēn shi cōng míng de jīng líng qǐng dà jiā hē xià zhè bēi
“人类真是聪明的精灵。请大家喝下这杯
xiān huā yǐn liào
鲜花饮料！”

guó wáng wáng hòu shù xué wū pó xiǎo jīng líng gōng zhǔ kù
国王、王后、数学巫婆、小精灵公主、酷
xiǎo bǎo hé méng xiǎo bèi měi rén duān qǐ yì bēi xiān huā yǐn liào dà
小宝和萌小贝，每人端起一杯鲜花饮料，大
jiā gān bēi
家干杯。

guó wáng shuō fēi cháng gǎn xiè kù xiǎo bǎo hé méng xiǎo bèi
国王说：“非常感谢酷小宝和萌小贝，
gǎn xiè nǐ men huàn xǐng jīng líng gǔ de chūn tiān tóng shí yě gǎn xiè
感谢你们唤醒精灵谷的春天！同时，也感谢
shù xué wū pó ràng xiǎo gōng zhǔ dé dào jiào xùn ràng tā xué huì zūn
数学巫婆让小公主得到教训，让她学会尊
zhòng tā rén
重他人。”

xiǎo jīng líng gōng zhǔ shuō wǒ yě zhēn xīn xiè xie nǐ men
小精灵公主说：“我也真心谢谢你们！”

shù xué wū pó bù hǎo yì si de shuō guó wáng nín zhè me
数学巫婆不好意思地说：“国王，您这么
shuō wǒ zhēn shi bù hǎo yì si le
说，我真是不好意思了。”

guó wáng shuō hǎo le zan men gān bēi
国王说：“好了，咱们干杯！”

kù xiǎo bǎo shuāng shǒu pěng bēi yì yǐn ér jìn bàng zhēn
酷小宝双手捧杯一饮而尽：“棒！真
hǎo hē
好喝！”

méng xiǎo bèi pěng qǐ bēi shuō hǎo dōng xi yào màn màn
萌小贝捧起杯说：“好东西要慢慢
pǐn cháng
品尝。”

tā hē le
她喝了
yì xiǎo kǒu shuō
一小口，说：
zhēn hǎo hē jiù
“真好喝。就
děi màn màn hē bù
得慢慢喝，不
néng xiàng zhū bā jiè
能像猪八戒
chī rén shēn guǒ nà
吃人参果那
yàng yì kǒu tūn xia
样，一口吞下

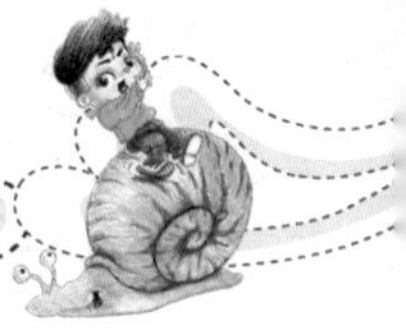

qu lián shén me wèi dào dōu bù zhī dào
去，连什么味道都不知道。”

kù xiǎo bǎo hóng zhe liǎn shuō méng xiǎo bèi nǐ nǐ bǎ wǒ
酷小宝红着脸说：“萌小贝！你！你把我

bǐ zuò zhū bā jiè ya
比作猪八戒呀！”

méng xiǎo bèi pū chī xiào le dà jiā dōu xiào le guó wáng shuō
萌小贝扑哧笑了，大家都笑了。国王说：

qǐng jìn qíng de hē bǎo guǎn èr wèi hē gòu
“请尽情地喝，保管二位喝够！”

xiǎo jīng líng gǎn jǐn gěi kù xiǎo bǎo zhēn mǎn bēi
小精灵赶紧给酷小宝斟满杯。

shù xué wū pó shuō wǒ xiǎng shōu nǐ men zuò tú dì
数学巫婆说：“我想收你们做徒弟！”

ǎ kù xiǎo bǎo hé méng xiǎo bèi xià le yí tiào lián lián shuō
“啊？”酷小宝和萌小贝吓了一跳，连连说：

bù xíng bù xíng wǒ men děi gǎn jǐn huí qù huí wǒ men de shì jiè
“不行不行！我们得赶紧回去，回我们的世界！”

shù xué wū pó shuō xiǎo jiā huo hěn duō rén xiǎng zuò wǒ de
数学巫婆说：“小家伙，很多人想做我的

xué shēng wǒ hái bù shōu ne kǎo kao nǐ men rú guǒ bù néng zhèng què
学生我还不收呢！考考你们，如果不能正确

jiě dá xiàn zài jiù bài wǒ wéi shī
解答，现在就拜我为师。”

kù xiǎo bǎo hé méng xiǎo bèi shuǎng kuài de dā ying hǎo qǐng
酷小宝和萌小贝爽快地答应：“好！请

nín chū tí
您出题！”

数学巫婆说："我5分钟能飞30千米，照这样计算，我9分钟能飞多远？"

酷小宝竖起大拇指，说："真快！我步行一小时才5千米呢！"

萌小贝笑眯眯地说："您给我们出的这题叫归一应用题。归一应用题有个特点，就是常常出现'照这样计算'，当然了，也不一定非要有这几个字。要想求您9分钟飞行的路程，必须先计算出您一分钟飞行的路程：30÷5=6（千米） 6×9=54（千米）。"

数学巫婆微笑着点点头，继续问："从这里到我家有72千米，如果我按照6分钟飞48千米的速度飞回家，需要几分钟？"

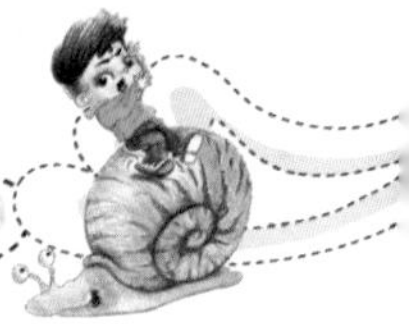

kù xiǎo bǎo shuō zhè dào tí suī rán méi yǒu zhào zhè yàng jì
酷小宝说："这道题虽然没有'照这样计
suàn jǐ gè zì hái shi yí gè guī yī yìng yòng tí yào xiǎng qiú nín
算'几个字，还是一个归一应用题。要想求您
jǐ fēn zhōng fēi dào jiā hái shi bì xū zhī dào nín yì fēn zhōng fēi de
几分钟飞到家，还是必须知道您一分钟飞的
lù chéng qiān mǐ suàn chū le nín yì fēn zhōng fēi xíng
路程：48÷6=8(千米)，算出了您一分钟飞行
qiān mǐ rán hòu zài kàn qiān mǐ li yǒu jǐ gè qiān mǐ jiù xū
8千米，然后再看72千米里有几个8千米，就需
yào jǐ fēn zhōng fēn zhōng
要几分钟：72÷8=9(分钟)。"

shù xué wū pó tīng kù xiǎo bǎo hé méng xiǎo bèi shuō de tóu tóu shì
数学巫婆听酷小宝和萌小贝说得头头是
dào bù yóu lián lián diǎn tóu
道，不由连连点头。

xiǎo jīng líng gōng zhǔ gǔ qǐ zhǎng shuō tài bàng le nǐ men de
小精灵公主鼓起掌说："太棒了！你们的
shù xué zhēn bàng
数学真棒！"

guó wáng hé wáng hòu wēi xiào de kàn zhe kù xiǎo bǎo hé méng xiǎo
国王和王后微笑地看着酷小宝和萌小
bèi shuō shù xué wū pó xiǎng shōu nǐ men zuò xué shēng wǒ xiǎng ràng
贝，说："数学巫婆想收你们做学生，我想让
nǐ men liú xia lai gěi gōng zhǔ zuò lǎo shī
你们留下来给公主做老师。"

kù xiǎo bǎo hé méng xiǎo bèi lián máng bǎi shǒu shuō bù gǎn
酷小宝和萌小贝连忙摆手，说："不敢

dāng bù gǎn dāng wǒ men hái děi huí wǒ men de shì jiè shàng
当，不敢当！我们还得回我们的世界上

xué ne
学呢！”

shù xué wū pó shuō zhè yàng ba wǒ shè jǐ gè shù xué guān
数学巫婆说：“这样吧，我设几个数学关

kǎ rú guǒ nǐ men chuǎng guān chéng gōng guān kǎ jìn tóu jiù shì nǐ
卡，如果你们闯关成功，关卡尽头就是你

men de jiā fǒu zé jiù guāi guāi liú xia lai zuò wǒ de xué shēng
们的家。否则，就乖乖留下来做我的学生。”

kù xiǎo bǎo hé méng xiǎo bèi shuǎng kuài de dā ying hǎo de yì
酷小宝和萌小贝爽快地答应：“好的，一

yán wèi dìng
言为定！”

xiǎo jīng líng gōng zhǔ shuō dà jiā xiān bú yào tǎo lùn nà me duō
小精灵公主说：“大家先不要讨论那么多

le xiàn zài jìn qíng tiào wǔ ba
了，现在，尽情跳舞吧！”

shù xué wū pó shuō hǎo ba shén me shì dōu liú zài wǔ huì
数学巫婆说：“好吧，什么事都留在舞会

hòu zài shuō ba
后再说吧！”

yí gè gè yōu měi de yīn fú tiào chu lai xiàng dà jiā yì qǐ yǎn
一个个优美的音符跳出来，像大家一起演

zòu yì shǒu dòng tīng de yuè qǔ
奏一首动听的乐曲。

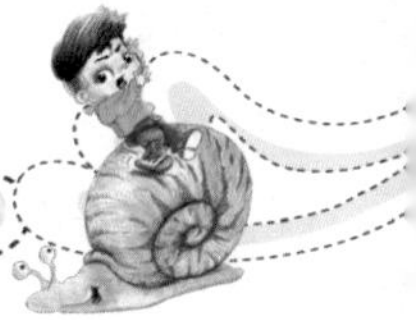

考考数学巫婆

wǔ huì jié shù kù xiǎo bǎo hé méng xiǎo bèi xiǎng huí jiā le
舞会结束，酷小宝和萌小贝想回家了。

shù xué wū pó kàn chū le liǎ rén de xīn si wèn xiǎo jiā huo
数学巫婆看出了俩人的心思，问：“小家伙
shì fǒu xiǎng jiā le ya
是否想家了呀？”

kù xiǎo bǎo hé méng xiǎo bèi qí shēng dá shì ya qǐng wèn
酷小宝和萌小贝齐声答：“是呀！请问，
shén me shí hou sòng wǒ men huí qù
什么时候送我们回去？”

xiǎo jīng líng gōng zhǔ tīng dào kù xiǎo bǎo hé méng xiǎo bèi yào lí
小精灵公主听到酷小宝和萌小贝要离
kāi fēi cháng shě bu de tā men
开，非常舍不得他们。

guó wáng hé wáng hòu sòng gěi tā men měi rén yí kuài xīn xíng shuǐ jīng
国王和王后送给他们每人一块心型水晶
diào zhuì shuō jīng líng gǔ de dà mén yǒng yuǎn wèi nǐ men chǎng kāi
吊坠，说：“精灵谷的大门永远为你们敞开，
nǐ men shén me shí hou xiǎng lái wán zhǐ yào bǎ diào zhuì wò zài shǒu xīn
你们什么时候想来玩，只要把吊坠握在手心，
jiù néng suí shí jìn lái
就能随时进来。”

kù xiǎo bǎo hé méng xiǎo bèi xiè guò guó wáng hé xiǎo jīng líng gōng
酷小宝和萌小贝谢过国王，和小精灵公
zhǔ yī yī bù shě de dào bié
主依依不舍地道别。

shù xué wū pó shuō hǎo le xiǎo jiā huo zán men qù chuǎng
数学巫婆说：“好了，小家伙，咱们去闯
guān lou
关喽！”

shù xué wū pó qí shàng tā de shù zì kù xiǎo bǎo hé
数学巫婆骑上她的数字“2”，酷小宝和
méng xiǎo bèi shān dòng chì bǎng gēn suí zài hòu
萌小贝扇动翅膀跟随在后。

tā men yōu xián de biān fēi biān liáo kù xiǎo bǎo shuō shù xué
他们悠闲地边飞边聊，酷小宝说：“数学
wū pó wǒ néng gěi nín chū dào shù xué tí ma
巫婆，我能给您出道数学题吗？”

shù xué wū pó xiào le xiào shuō hēi hēi wǒ hái pà nǐ men kǎo
数学巫婆笑了笑说：“嘿嘿，我还怕你们考
wa chū ba
哇？出吧！”

kù xiǎo bǎo xiào hē hē de shuō yǒu yì běn gù shi shū wǒ
酷小宝笑呵呵地说：“有一本故事书，我
píng jūn měi tiān kàn yè tiān kàn wán méng xiǎo bèi píng jūn měi tiān
平均每天看20页，7天看完；萌小贝平均每天
kàn yè jǐ tiān kàn wán
看10页，几天看完？”

méng xiǎo bèi tīng kù xiǎo bǎo shuō wán tí lì jí fǎn duì kù
萌小贝听酷小宝说完题，立即反对：“酷

xiǎo bǎo píng shén me nǐ yì tiān kàn yè wǒ yì tiān zhǐ kàn yè
小宝！凭什么你一天看20页，我一天只看10页

ne wǒ bǐ nǐ kàn de kuài hǎo bu hǎo
呢？我比你看得快好不好！”

kù xiǎo bǎo wú nài de shuō zhè bú jiù shì dào shù xué tí ma
酷小宝无奈地说：“这不就是道数学题吗？

yòu bú shì zhēn de zhè yàng wǒ gǎi le yǒu yì běn gù shi shū
又不是真的。这样，我改了：有一本故事书，

méng xiǎo bèi píng jūn měi tiān kàn yè tiān kàn wán wǒ píng jūn měi
萌小贝平均每天看20页，7天看完；我平均每

tiān kàn yè jǐ tiān kàn wán
天看10页，几天看完？”

shù xué wū pó bèi tā liǎ dòu de hā hā dà xiào shuō
数学巫婆被他俩逗得“哈哈”大笑，说：

nǐ men liǎ rú guǒ zhè yàng de huà děng huìr kě néng jiù guò bù
“你们俩如果这样的话，等会儿可能就过不

liǎo wǒ de guān kǎ le ya
了我的关卡了呀。”

kù xiǎo bǎo hé méng xiǎo bèi yì kǒu tóng shēng de shuō wǒ men
酷小宝和萌小贝异口同声地说：“我们

yí dìng huì guò guān de
一定会过关的！”

shù xué wū pó hē hē xiào zhe shuō zhè me kuài jiù tuán jié qi
数学巫婆呵呵笑着说：“这么快就团结起

lai la
来啦？”

kù xiǎo bǎo xiào zhe shuō nín gǎn jǐn huí dá wǒ de wèn tí ya
酷小宝笑着说：“您赶紧回答我的问题呀，

bú huì shì bèi nán zhù le ba
不会是被难住了吧？”

shù xué wū pó tíng zhù wǎng qián fēi shuō qiè zhè néng nán
数学巫婆停住往前飞，说：“切！这能难

dǎo wǒ ya gāng gāng wǒ gěi nǐ men chū le guī yī yìng yòng
倒我呀？刚刚我给你们出了‘归一应用

tí kù xiǎo bǎo jiù gěi wǒ chū gè guī zǒng yìng yòng tí wǒ
题’，酷小宝就给我出个‘归总应用题’，我

néng bú huì
能不会？”

kù xiǎo bǎo yǒu diǎn hòu huǐ shuō shì jiǎn dān le diǎn
酷小宝有点后悔，说：“是简单了点。”

shù xué wū pó fēn xī dào yào xiǎng qiú nǐ jǐ tiān kàn wán
数学巫婆分析道：“要想求你几天看完，

děi zhī dào liǎng gè tiáo jiàn nǐ měi tiān kàn de yè shù zhè běn
得知道两个条件：1、你每天看的页数；2、这本

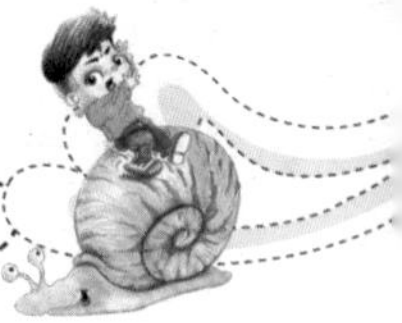

shū de zǒng yè shù　yǐ jīng zhī dào le nǐ měi tiān kàn　yè　nǐ hé
书的总页数。已经知道了你每天看10页，你和

méng xiǎo bèi kàn de shì tóng yì běn shū　suǒ yǐ　hái yīng gāi xiān qiú chū
萌小贝看的是同一本书，所以，还应该先求出

méng xiǎo bèi kàn de zǒng yè shù　yě jiù shì zhè běn shū de zǒng yè shù
萌小贝看的总页数，也就是这本书的总页数：

yè　tiān
20×7＝140（页），140÷10＝14（天）。”

shuō wán　shù xué wū pó cháo kù xiǎo bǎo zhǎ zha yǎn　wèn　zěn
说完，数学巫婆朝酷小宝眨眨眼，问：“怎

me yàng　wǒ fēn xī de méi wèn tí ba
么样？我分析得没问题吧？”

méng xiǎo bèi xiào mī mī de wèn　hái yǒu qí tā suàn fǎ ma
萌小贝笑眯眯地问：“还有其他算法吗？”

shù xué wū pó bù jiě de wèn　hái yǒu shén me suàn fǎ
数学巫婆不解地问：“还有什么算法？”

méng xiǎo bèi zì háo de shuō　nǐ men tīng ting wǒ de lìng yì
萌小贝自豪地说：“你们听听我的另一

zhǒng suàn fǎ zěn me yàng
种算法怎么样？”

shù xué wū pó hé kù xiǎo bǎo dōu jí qiè xiǎng zhī dào　shuō
数学巫婆和酷小宝都急切想知道，说：

kuài jiǎng jiang kàn
“快讲讲看。”

méng xiǎo bèi bàn gè guǐ liǎn　shuō　wǒ měi tiān kàn　yè　kù
萌小贝扮个鬼脸，说：“我每天看20页，酷

xiǎo bǎo měi tiān kàn　yè　yě jiù shì shuō　wǒ yì tiān kàn de yè shù
小宝每天看10页，也就是说，我一天看的页数，

kù xiǎo bǎo xū yào kàn liǎng tiān nà me wǒ tiān kàn de yè shù kù
酷小宝需要看两天；那么，我7天看的页数，酷
xiǎo bǎo jiù xū yào gè liǎng tiān suǒ yǐ
小宝就需要7个两天。所以：20÷10=2，2×7=
tiān
14（天）。”

tīng wán méng xiǎo bèi de jiě shì shù xué wū pó hé kù xiǎo bǎo
听完萌小贝的解释，数学巫婆和酷小宝
shù qǐ dà mǔ zhǐ shuō miào miào jí le
竖起大拇指，说：“妙！妙极了！”

shù xué wū pó shuō kàn lái nǐ men hái shi huí zì jǐ de shì
数学巫婆说：“看来，你们还是回自己的世
jiè jì xù xué xí ba yǐ hòu hǎo jīng cháng lái gēn wǒ jiāo liú
界继续学习吧，以后好经常来跟我交流。”

kù xiǎo bǎo hé méng xiǎo bèi yì tīng jì kāi xīn yòu shī luò
酷小宝和萌小贝一听，既开心，又失落。
shí jì shàng tā men fēi cháng qī dài chuǎng guān zhōng de qí yù
实际上，他们非常期待闯关中的奇遇。

shù xué wū pó kàn chū le tā men de xīn si shuō qí shí
数学巫婆看出了他们的心思，说：“其实，
nǐ men wú lùn zài zhè lǐ dāi duō jiǔ huí dào nǐ men de shì jiè shí
你们无论在这里待多久，回到你们的世界时，
shí jiān yī rán tíng liú zài nǐ men lí kāi de nà yí kè
时间依然停留在你们离开的那一刻。”

kù xiǎo bǎo hé méng xiǎo bèi hěn kāi xīn dāng rán jiù gèng xī wàng
酷小宝和萌小贝很开心，当然就更希望
gēn zhe shù xué wū pó qù chuǎng guān lì xiǎn le
跟着数学巫婆去闯关历险了。

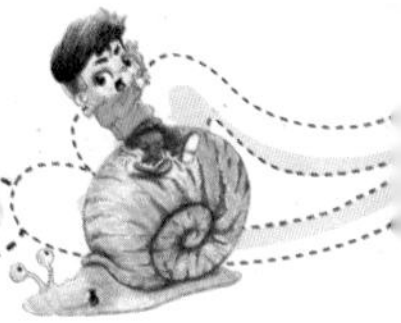

shù xué wū pó kàn chū le tā men de xīn si shuō zǒu ba

数学巫婆看出了他们的心思，说："走吧！

děng nǐ men wán gòu le zài huí qù shuō zhe pāi le yí xià tā de

等你们玩够了再回去！"说着，拍了一下她的

shù zì shù zì jí sù xiàng qián fēi qù kù xiǎo bǎo hé

数字"2"，数字"2"急速向前飞去，酷小宝和

méng xiǎo bèi jǐn jǐn gēn suí zài hòu

萌小贝紧紧跟随在后。

闯关也要“门票”

tā men lái dào yí gè qí guài de gōng diàn qián shù xué wū pó wēi xiào de shuō xiǎo jiā huo ná dào mén piào jiù kě yǐ chuǎng guān le

他们来到一个奇怪的宫殿前，数学巫婆微笑地说：“小家伙，拿到门票就可以闯关了。”

mén piào zhè lǐ yě yào mén piào kù xiǎo bǎo hé méng xiǎo bèi xiào le

“门票？这里也要门票？”酷小宝和萌小贝笑了。

shù xué wū pó shuō fàng xīn ba bǎo zhèng nǐ men huì fēi cháng xǐ huan de

数学巫婆说：“放心吧，保证你们会非常喜欢的！”

shù xué wū pó huī hui mó zhàng kù xiǎo bǎo hé méng xiǎo bèi shēn shang de chì bǎng xiāo shī le

数学巫婆挥挥魔杖，酷小宝和萌小贝身上的翅膀消失了。

wèi wèi wǒ men de chì bǎng kù xiǎo bǎo hé méng xiǎo bèi de huà méi shuō wán shù xué wū pó qí zhe shù zì lí kāi le

“喂喂！我们的翅膀……”酷小宝和萌小贝的话没说完，数学巫婆骑着数字“2”离开了。

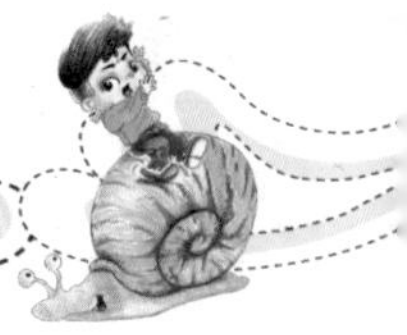

zhè shí mén dī dī xiǎng le liǎng shēng chū xiàn le yí gè
这时，门“嘀嘀”响了两声，出现了一个

xiǎn shì píng
显示屏：

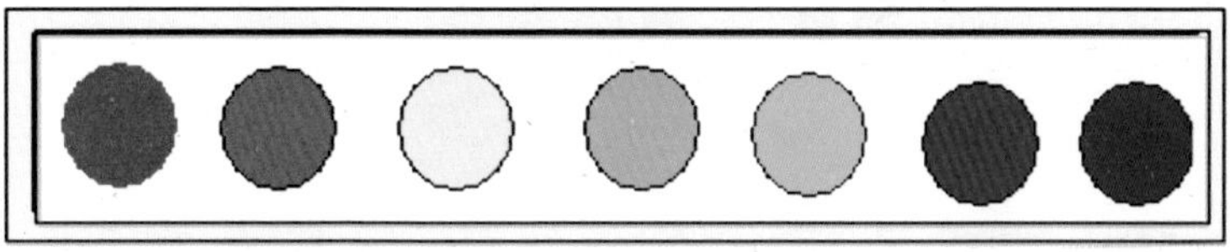

yǒu shēng yīn tí shì rú guǒ àn zhào zhè yàng de shùn xù pái
有声音提示：“如果按照这样的顺序排

liè cǎi qiú dì gè qiú shì shén me yán sè qǐng nín àn xià nà ge
列彩球，第65个球是什么颜色？请您按下那个

yán sè de àn niǔ miǎo jì shí kāi shǐ
颜色的按钮，30秒计时开始。”

kù xiǎo bǎo kàn le kàn shuō ò zhè ge suī rán bù nán
酷小宝看了看，说：“哦，这个虽然不难，

hái zhēn yǒu diǎn má fan miǎo de shí jiān hěn jǐn zhāng nga
还真有点麻烦，30秒的时间很紧张啊。”

tā gāng yào yí gè yí gè de shǔ méng xiǎo bèi shuō bú yòng
他刚要一个一个地数，萌小贝说：“不用

shǔ wǒ yǒu jiǎn dān de bàn fǎ nǐ kàn zhè gè qiú suàn yì zǔ
数，我有简单的办法。你看，这7个球算一组，

wǒ men zhǐ yào suàn suan lǐ yǒu jǐ gè 7 jiù kě yǐ le
我们只要算算65里有几个7就可以了。65÷7=

zǔ gè yí gòng yǒu zǔ duō liǎng gè suǒ yǐ
9（组）……2（个），一共有9组，多两个，所以，

dì　gè qiú yīng gāi shì dì èr gè chéng sè qiú
第65个球应该是第二个橙色球。”

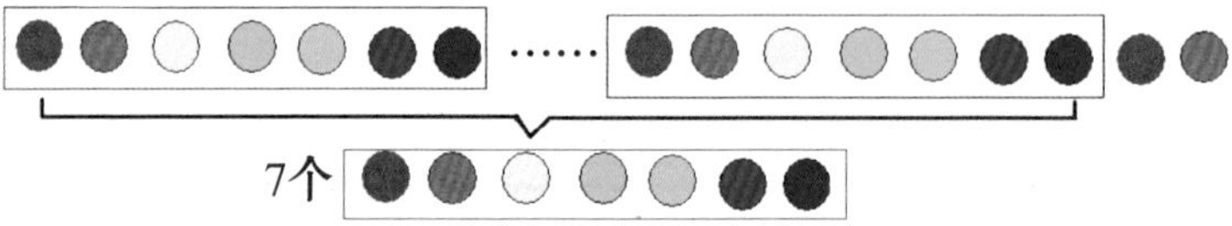

kù xiǎo bǎo tīng le méng xiǎo bèi de jiě shì huò rán kāi qiào shuō
酷小宝听了萌小贝的解释，豁然开窍，说：

wǒ zhī dào le rú guǒ yú shù shì jiù shì dì gè cǎi qiú
“我知道了，如果余数是1，就是第1个彩球——

hóng sè yú shù shì jiù shì huáng sè yú shì lǜ sè yǐ cǐ lèi tuī
红色，余数是3就是黄色，余4是绿色，以此类推

jiù xíng le kě shì rú guǒ méi yǒu yú shù ne
就行了。可是，如果没有余数呢？”

méng xiǎo bèi hē hē xiào le nǐ zhuāng hú tu ne hái shi zhēn
萌小贝呵呵笑了：“你装糊涂呢还是真

hú tu ne méi yǒu yú shù jiù shì zhèng hǎo zhěng zǔ shì zuì hòu yí
糊涂呢？没有余数就是正好整组，是最后一

gè zǐ sè ya
个紫色呀！”

tū rán yǒu shēng yīn tí xǐng hái shèng xià miǎo qǐng kuài sù
突然有声音提醒：“还剩下5秒，请快速

xuǎn zé àn niǔ
选择按钮。”

āi yō kuài diǎn chéng sè méng xiǎo bèi jí hū zhe àn xià
“哎哟，快点！橙色！”萌小贝急呼着按下

chéng sè àn niǔ
橙色按钮。

qī gè àn niǔ cóng mén shang fēi chū biàn chéng qī duǒ cǎi yún
　　七个按钮从门上飞出，变成七朵彩云，

qī duǒ cǎi yún yòu kuài sù biàn xíng zǔ chéng yí gè cǎi hóng huá tī
七朵彩云又快速变形，组成一个彩虹滑梯。

kù xiǎo bǎo hé méng xiǎo bèi bèi yì gǔ lì liàng tuō zhe shùn zhe cǎi yún
酷小宝和萌小贝被一股力量托着，顺着彩云

zuò de huá tī huá xia qu
做的滑梯滑下去。

可笑城里趣事多

kù xiǎo bǎo hé méng xiǎo bèi cóng yún cǎi huá tī shang huá xià huá
酷小宝和萌小贝从云彩滑梯上滑下，滑
luò dào yí zuò zào xíng qí tè de dà fáng zi qián fáng mén shang xiě zhe
落到一座造型奇特的大房子前，房门上写着
qǐng zǒu jìn wǒ
“请走进我”。

kù xiǎo bǎo hé méng xiǎo bèi yí huò de tuī kāi fáng mén fáng jiān
酷小宝和萌小贝疑惑地推开房门，房间
lǐ miàn chén liè zhe gè zhǒng wéi miào wéi xiào de wù tǐ mó xíng māo
里面陈列着各种惟妙惟肖的物体模型：猫、
gǒu dà xiàng děng gè zhǒng dòng wù zhuō zi chuáng yǐ zi shuǐ
狗、大象等各种动物；桌子、床、椅子、水
bēi bīng xiāng děng gè zhǒng rì cháng yòng pǐn hái yǒu qì chē huǒ
杯、冰箱等各种日常用品；还有汽车、火
chē
车……

wù pǐn tài duō le ràng kù xiǎo bǎo hé méng xiǎo bèi kàn de yǎn
物品太多了，让酷小宝和萌小贝看得眼
huā liáo luàn
花缭乱。

méng xiǎo bèi ná qǐ yí gè xiǎo māo de mó xíng shuō tài kě
萌小贝拿起一个小猫的模型，说：“太可

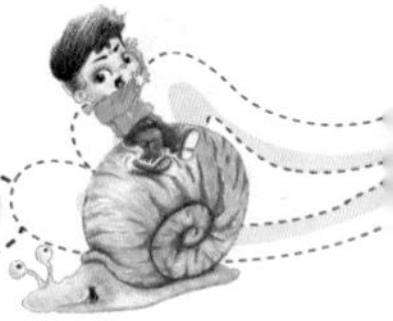

ài le yí shàng miàn yǒu zì zài yī cì shǎn shuò ne
爱了！咦——上面有字在依次闪烁呢！”

ó kù xiǎo bǎo wèn dōu shì shén me zì ne
“哦？”酷小宝问，“都是什么字呢？”

hòu miàn yǒu gè kuò hào kuò hào li de zì zài shǎn shuò yī
“4后面有个括号，括号里的字在闪烁，依

cì shì kè qiān kè dūn méng xiǎo bèi shuō
次是：克、千克、吨。”萌小贝说。

miāo méng xiǎo bèi shǒu li de xiǎo māo mó xíng jiào le
“喵——”萌小贝手里的小猫模型叫了

yí shēng shùn jiān biàn dà xiàng zhī dà xiàng yí yàng zhàn zài kù xiǎo bǎo
一声，瞬间变大，像只大象一样站在酷小宝

hé méng xiǎo bèi miàn qián
和萌小贝面前。

méng xiǎo bèi hé kù xiǎo bǎo xià de jiān jiào yì shēng zhèng yào táo
萌小贝和酷小宝吓得尖叫一声，正要逃

chū mén wài yí gè xiǎo jīng líng fēi guo lai yòng shǒu li de mó fǎ
出门外，一个小精灵飞过来，用手里的魔法

bàng cháo jù dà de māo yì huī jù māo xiāo shī le yòu huī fù chéng
棒朝巨大的猫一挥，巨猫消失了，又恢复成

yí gè xiǎo māo mó xíng
一个小猫模型。

xiǎo jīng líng fēi dào kù xiǎo bǎo hé méng xiǎo bèi shēn biān shuō
小精灵飞到酷小宝和萌小贝身边，说：

zhēn shi bù hǎo yì si wǒ gāng gāng bù xiǎo xīn shuì zháo le huān
“真是不好意思，我刚刚不小心睡着了。欢

yíng nǐ men de dào lái
迎你们的到来！”

kù xiǎo bǎo wèn qǐng wèn gāng gāng nà zhī jù māo shì zěn me
酷小宝问：“请问，刚刚那只巨猫是怎么

huí shì
回事？”

xiǎo jīng líng xiào le xiào shuō gāng gāng yí dìng shì nǐ men bù
小精灵笑了笑说：“刚刚一定是你们不

xiǎo xīn chù dào le dūn nà ge dān wèi
小心触到了‘吨’那个单位。”

méng xiǎo bèi yū le kǒu qì shuō qiān kè de māo jiù yǐ jīng
萌小贝吁了口气，说：“4千克的猫就已经

gòu dà le dūn nà kě shì dà xiàng de tǐ zhòng
够大了，4吨？那可是大象的体重！”

xiǎo jīng líng wēi xiào zhe shuō shì ya dān wèi bù néng luàn tián
小精灵微笑着说：“是呀。单位不能乱填。

kě shì nǐ men rén lèi shì jiè jiù shì yǒu xiē xiǎo xué sheng bú yòng dà
可是，你们人类世界就是有些小学生，不用大

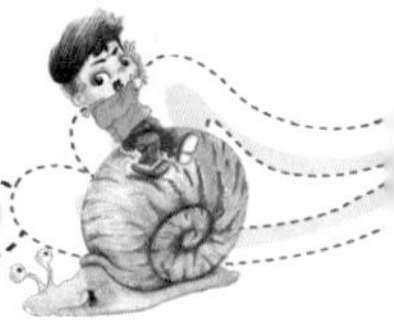

nǎo sī kǎo suí biàn tián dān wèi nà xiē zài nǐ men shì jiè bù hé cháng
脑思考，随便填单位，那些在你们世界不合常
lǐ de shì wù jiù huì pǎo dào wǒ men de shì jiè lai
理的事物，就会跑到我们的世界来。”

kù xiǎo bǎo xiǎng qǐ tóng zhuō mǎ xiǎo hǔ jiù shì zhè yàng
酷小宝想起同桌马小虎就是这样。
yǒu yí cì mǎ xiǎo hǔ zuò tián dān wèi tí yí gè nán guā zhòng
有一次，马小虎做填单位题：一个南瓜重
dūn dāng shí lǎo shī qì hū hū de shuō mǎ xiǎo hǔ
5 000（吨）。当时老师气呼呼地说：“马小虎！
zhè me dà de nán guā děi duō shao rén chī duō shao tiān na
这么大的南瓜得多少人吃多少天哪？”

mǎ xiǎo hǔ què bù jǐn bù màn de shuō lǎo shī kě yǐ bǎ lǐ
马小虎却不紧不慢地说：“老师，可以把里
miàn de ráng tāo kōng zuò chéng nán guā fáng zi zhù zài nán guā fáng zi
面的瓤掏空，做成南瓜房子。住在南瓜房子
li děi duō měi ya qì de lǎo shī dà bàn tiān shuō bù chū huà lái
里，得多美呀！”气得老师大半天说不出话来。

xiǎo jīng líng kàn kù xiǎo bǎo fā dāi wèn xiǎng shén me ne gēn
小精灵看酷小宝发呆，问：“想什么呢？跟
wǒ qù kě xiào chéng ba
我去‘可笑城’吧！”

méng xiǎo bèi jí máng wèn kě xiào chéng yí dìng hěn kě xiào
萌小贝急忙问：“可笑城一定很可笑
ba
吧？”

kù xiǎo bǎo huí guò shén lái shuō hǎo ba wǒ men yì
酷小宝回过神来，说：“好吧！我们一

qǐ qù
起去！”

xiǎo jīng líng zǒu dào fáng zi yì jiǎo yòng mó fǎ bàng yì diǎn fáng
小精灵走到房子一角，用魔法棒一点，房
jiǎo chǎng kāi yí shàn mén
角敞开一扇门。

xiǎo jīng líng dài kù xiǎo bǎo hé méng xiǎo bèi chuān guò nà dào mén
小精灵带酷小宝和萌小贝穿过那道门，
dào le yí gè hěn kāi kuò de shì jiè
到了一个很开阔的世界。

hā hā tài kě xiào le kù xiǎo bǎo shuō tā kàn yí
“哈哈！太可笑了！”酷小宝说。他看一
gè tóu dǐng zài yún cǎi shàng miàn de jù rén shēn shang xiě zhe gāo
个头顶在云彩上面的巨人身上写着“高
mǐ ér jù rén de shēn xià shì xiàng xiǎo wán jù shì de xiǎo
170（米）”，而巨人的身下，是像小玩具似的小
zhuō zi xiǎo yǐ zi
桌子、小椅子。

méng xiǎo bèi shuō tīng mā ma shuō nǐ chū shēng shí shēn gāo
萌小贝说：“听妈妈说你出生时身高
lí mǐ wǒ shēn gāo lí mǐ
51厘米，我身高49厘米。”

kù xiǎo bǎo diǎn dian tóu shuō shì ya gāng chū shēng de xiǎo
酷小宝点点头说：“是呀！刚出生的小
yīng ér shēn gāo zài lí mǐ zuǒ yòu shì jiè shàng zuì gāo de chéng
婴儿身高在50厘米左右。世界上最高的成
rén cái lí mǐ yáo míng cái lí mǐ dōu bú dào mǐ bàn
人才246厘米，姚明才226厘米，都不到2米半，

bà ba shēn gāo lí mǐ zhàn zài rén qún li jiù yǐ jīng hěn gāo
爸爸身高181厘米站在人群里就已经很高
le ér zhè ge rén què gāo mǐ zài zán men de shì jiè dāng
了。而这个人，却高170米，在咱们的世界当
rán bù cún zài le
然不存在了！”

méng xiǎo bèi xī xī xiào zhe shuō hái bù shì nǎ gè xiǎo mǎ hu
萌小贝嘻嘻笑着说：“还不是哪个小马虎
cū xīn běn gāi tián lí mǐ jìng rán tián chéng le mǐ
粗心，本该填‘厘米’，竟然填成了‘米’。”

xiǎo jīng líng hēi hēi xiào zhe shuō qián duàn shí jiān hái yǒu gè tián
小精灵嘿嘿笑着说：“前段时间还有个填
qiān mǐ de ne bú guò yǐ jīng bèi wǒ shōu dào mó xíng wū le
‘千米’的呢！不过已经被我收到模型屋了。”

kù xiǎo bǎo hé méng xiǎo bèi xiǎng xiàng zhe shēn gāo qiān mǐ de
酷小宝和萌小贝想象着身高170千米的
jù rén jīng è de zhāng dà le zuǐ ba
巨人，惊愕地张大了嘴巴。

xiǎo jīng líng cháo jù rén huī le yí xià mó fǎ bàng jù rén biàn
小精灵朝巨人挥了一下魔法棒，巨人变
chéng le yí gè xiǎo mó xíng fēi jìn le mó xíng wū
成了一个小模型，飞进了模型屋。

yí liàng qì chē shang xiě zhe měi xiǎo shí xíng lí mǐ
一辆汽车上写着“每小时行80(厘米)”，
chē shang de sī jī chóu méi kǔ liǎn qì chē páng biān yǒu yì zhī páng
车上的司机愁眉苦脸，汽车旁边，有一只庞
dà de wū guī duì sī jī shuō hā hā gē menr nǐ kāi zhè
大的乌龟对司机说：“哈哈——哥们儿，你开这

chē néng huó dào xiàn zài jiǎn zhí jiù shì qí jì gān cuì jiā rù wǒ
车能活到现在简直就是奇迹！干脆加入我
men wū guī jiā zú dé le dà wū guī shēn shang xiě zhe zhòng
们乌龟家族得了。”大乌龟身上写着“重
qiān kè
1 000千克”。

kù xiǎo bǎo shuō qì chē de xíng shǐ sù dù yì bān shì měi xiǎo
酷小宝说：“汽车的行驶速度一般是每小
shí qiān mǐ yǒu de lù duàn xiàn sù měi xiǎo shí qiān mǐ kāi tài
时80千米，有的路段限速每小时60千米，开太
kuài le wēi xiǎn xìng dà dàn shì zài màn yě bù kě néng měi xiǎo shí
快了危险性大。但是，再慢也不可能每小时
lí mǐ wǒ men bù xíng měi xiǎo shí hái qiān mǐ ne
80厘米。我们步行每小时还5千米呢。”

méng xiǎo bèi diǎn dian tóu shuō shì ya yì bān qíng kuàng
萌小贝点点头，说：“是呀。一般情况
xià qí zì xíng chē měi xiǎo shí hái qiān mǐ ne ér zhè ge wū guī
下，骑自行车每小时还15千米呢。而这个乌龟
de tǐ zhòng yīng gāi shì kè ba
的体重，应该是1 000克吧？”

xiǎo jīng líng huī hui mó fǎ bàng qì chē hé wū guī yě biàn
小精灵挥挥魔法棒，汽车和乌龟也变
chéng mó xíng fēi jìn le mó xíng wū jiē zhe tā men yòu shōu le
成模型，飞进了模型屋。接着，他们又收了
xiě zhe gāo mǐ de chuáng zhòng qiān kè de jī dàn
写着“高7米”的床，“重50千克”的鸡蛋；
cháng mǐ de qiān bǐ zhòng qiān kè de jīn yú
“长18米”的铅笔；“重100千克”的金鱼……

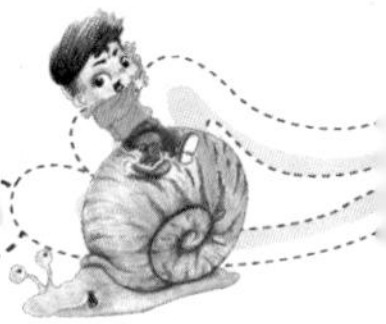

骑着木马飞上天

bǎ kě xiào chéng li bù hé lǐ de shì wù quán dōu shōu dào le
把可笑城里不合理的事物全都收到了
mó xíng wū zhī hòu xiǎo jīng líng sòng gěi kù xiǎo bǎo hé méng xiǎo bèi yí
模型屋之后，小精灵送给酷小宝和萌小贝一
gè pào pào táng
个泡泡糖。

kù xiǎo bǎo hé méng xiǎo bèi jiē guò pào pào táng wèn hái yǒu
酷小宝和萌小贝接过泡泡糖，问："还有
méi yǒu qí tā shí wù zhè me cháng shí jiān bù chī dōng xi wǒ men
没有其他食物？这么长时间不吃东西，我们
dōu è le
都饿了。"

xiǎo jīng líng xiào mī mī de shuō chī zhè ge shì shi bù jǐn
小精灵笑眯眯地说："吃这个试试！不仅
guǎn bǎo hái néng chuī chū fēi cháng dà de pào pào ne
管饱，还能吹出非常大的泡泡呢！"

kù xiǎo bǎo hé méng xiǎo bèi bǎ pào pào táng fàng zuǐ li āi
酷小宝和萌小贝把泡泡糖放嘴里，哎
yō hǎo xiāng tián de pào pào táng
哟——好香甜的泡泡糖！

jiáo le jǐ xià pào pào táng kù xiǎo bǎo hé méng xiǎo bèi gǎn jué
嚼了几下泡泡糖，酷小宝和萌小贝感觉

肚子一点都不饿了。

酷小宝说："哇！还真感觉饱了哦！"

萌小贝也点点头说："就是，我也感觉不饿了。就是不知道这泡泡能吹多大呢。"

还没等吹，一个泡泡自己从嘴里钻出来了，越来越大，越来越大……大得像个热气球。

酷小宝和萌小贝慢慢飘起来，飘到了天空，可是，他们不敢张口说话。

几只小鸟好奇地追着他们飞了一段路程，酷小宝和萌小贝担心死了：要是小鸟对着泡泡啄两下，泡泡爆破的话，我们岂不是要掉下去摔成肉饼啦？

真是怕什么来什么，有只尖嘴小鸟真的

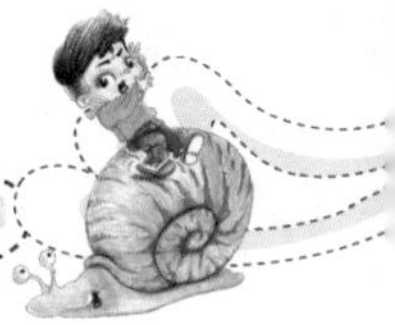

luò zài le pào pào shang duì zhe pào pào dǔ dǔ dǔ zhuó le jǐ xià
落在了泡泡上，对着泡泡“笃笃笃”啄了几下，
kù xiǎo bǎo hé méng xiǎo bèi de xīn dōu tí dào sǎng zi yǎn le tā men
酷小宝和萌小贝的心都提到嗓子眼了。他们
cháo xiǎo niǎo huī hui shǒu xiǎng gǎn pǎo tā men xiǎo niǎo wāi zhe tóu kàn
朝小鸟挥挥手，想赶跑它们，小鸟歪着头看
le liǎ rén yì yǎn yòu gù yì qì tā men shì de zhuó le liǎng xià
了俩人一眼，又故意气他们似的啄了两下，
zhōng yú fēi zǒu le
终于飞走了。

kù xiǎo bǎo hé méng xiǎo bèi xuán zhe de xīn fàng xià le yì diǎn
酷小宝和萌小贝悬着的心放下了一点，
xiǎng zhè xiǎo jīng líng shén me chòu zhǔ yi chà diǎn bǎ wǒ gěi xià yūn
想：这小精灵，什么臭主意？差点把我给吓晕
guo qu
过去！

zuì hòu kù xiǎo bǎo hé méng xiǎo bèi zhōng yú jiàng luò dào yí zuò
最后，酷小宝和萌小贝终于降落到一座
jīng zhì huá měi de xuán zhuǎn mù mǎ shang
精致华美的旋转木马上。

liǎng rén chě xià zuǐ li de pào pào táng cháng cháng de xū le
两人扯下嘴里的泡泡糖，长长地吁了
kǒu qì
口气。

ò zhōng yú ān quán le méng xiǎo bèi pāi pai xiōng pú wěn
“哦！终于安全了！”萌小贝拍拍胸脯，稳
wen shénr
稳神儿。

“哈哈，说不定刚刚我们的担心是多余的。可能那泡泡糖结实得很，就是用电钻都钻不开。”酷小宝已经忘了刚刚的风险，打趣地说。

“太漂亮了！可是，怎么才能让它旋转起来呢？”酷小宝骑上一匹雪白色的马，仔细看了看，说，“这匹马上有些算式，如果解答出来，应该就能旋转了。”

萌小贝骑上一匹粉色的马，看了看，说：“这匹马上也有一些算式，我们比赛，看谁算得快！”

酷小宝没有回答，原来，他已经开始做题了。

$$99\times1=99$$

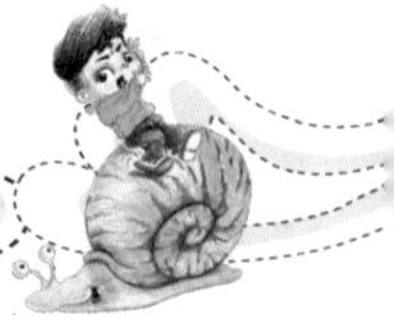

$99\times2=198$

$99\times3=297$

……

酷小宝是有诀窍的，他想：1个99是100减1；2个99就是200减2；3个99就是300减3……

做到第三题，酷小宝仔细观察了一下前三题的得数，说：“哦——原来得数也是有规律的！百位数字是1、2、3……每次加1；十位数字都是9；个位数字是9、8、7……每次减1。”

酷小宝很快就把剩下的算式给填完了：

$99\times4=396$

$99\times5=495$

$99\times6=594$

$99\times7=693$

$99\times8=792$

$99\times9=891$

méng xiǎo bèi yě zhǎo dào le suàn shì de guī lǜ hěn kuài bǎ dá
萌小贝也找到了算式的规律，很快把答
àn xiě wán le
案写完了：

$$1\times9+2=11$$

$$12\times9+3=111$$

$$123\times9+4=1111$$

$$1234\times9+5=11111$$

$$12345\times9+6=111111$$

$$123456\times9+7=1111111$$

$$1234567\times9+8=11111111$$

$$12345678\times9+9=111111111$$

méng xiǎo bèi de suàn shì gāng wán chéng zhěng zuò xuán zhuǎn mù
萌小贝的算式刚完成，整座旋转木
mǎ liàng qǐ xuàn lì de cǎi dēng yōu měi de yīn yuè xiǎng qǐ mù mǎ
马亮起绚丽的彩灯，优美的音乐响起，木马
xuán zhuǎn qi lai rán hòu liǎng pǐ mǎ gè zhǎng chū yí duì chì bǎng
旋转起来。然后，两匹马各长出一对翅膀，
fēi xiàng tiān kōng
飞向天空。

yē zhēn shi tài bàng le kù xiǎo bǎo hé méng xiǎo bèi
“耶——真是太棒了！”酷小宝和萌小贝
kāi xīn de huān hū dà shēng chàng qi lai
开心地欢呼，大声唱起来：

shén qí shén qí zhēn shén qí pào pào táng nga tián rú mì
“神奇神奇真神奇，泡泡糖啊甜如蜜；

fàng dào kǒu li jiáo liǎng xià tián bǎo dù zi yǒu lì qi
放到口里嚼两下，填饱肚子有力气。

qí guài qí guài zhēn qí guài zuǐ li zhǎng chū pào pào lái
奇怪奇怪真奇怪，嘴里长出泡泡来；

pào pào dà rú rè qì qiú kàn jiàn mù mǎ luò xia lai
泡泡大如热气球，看见木马落下来。

cǎo ér bì lǜ huā ér yàn bái yún duǒ duǒ tiān lán lán
草儿碧绿花儿艳，白云朵朵天蓝蓝。

bú yòng fēi jī hé fēi chuán qí zhe mù mǎ fēi shàng tiān
不用飞机和飞船，骑着木马飞上天！”

闪电蜗牛

kù xiǎo bǎo hé méng xiǎo bèi qí zhe mù mǎ zài tiān kōng zhōng
酷小宝和萌小贝骑着木马在天空终

yú guàng guò yǐn le shuō mǎ lèi le ba qǐng huí qù xiē xie
于逛过瘾了，说：“马累了吧？请回去歇歇

ba
吧！”

mù mǎ xiàng tīng dǒng le méng xiǎo bèi de huà qīng qīng de fēi luò
木马像听懂了萌小贝的话，轻轻地飞落

dào dì miàn
到地面。

zhè shí yì zhī bēi zhe cǎi sè bèi ké de dà wō niú shǎn diàn yí
这时，一只背着彩色贝壳的大蜗牛闪电一

yàng de chū xiàn zài kù xiǎo bǎo hé méng xiǎo bèi miàn qián
样地出现在酷小宝和萌小贝面前。

wā jìng rán yǒu sù dù zhè me kuài de wō niú kù xiǎo bǎo
“哇！竟然有速度这么快的蜗牛！”酷小宝

hé méng xiǎo bèi jīng tàn dào shì bu shì yě shì wǒ men nà ge shì jiè
和萌小贝惊叹道，“是不是也是我们那个世界

li de xiǎo mǎ hu tián cuò le dān wèi ya
里的小马虎填错了单位呀？”

wō niú bǎi dòng liǎng xià chù jiǎo shuō wǒ kě bú shì lái zì
蜗牛摆动两下触角，说：“我可不是来自

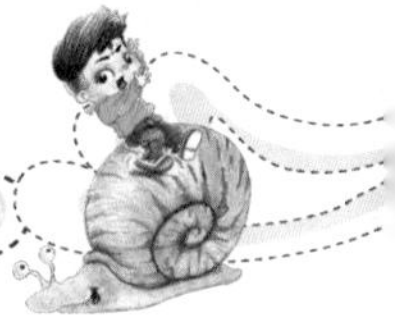

nǐ men shì jiè de bù hé lǐ shì wù wǒ shēng zài zhè piàn tǔ dì
你们世界的不合理事物！我生在这片土地，
zhǎng zài zhè piàn tǔ dì shì dì dì dào dào de běn dì rén
长在这片土地，是地地道道的本地人！”

rén kù xiǎo bǎo hé méng xiǎo bèi kàn wō niú de huá jī yàng
“人？”酷小宝和萌小贝看蜗牛的滑稽样，
hā hā xiào le
哈哈笑了。

wō niú bù gāo xìng de hng le yì shēng shuō yǒu shén me
蜗牛不高兴地“哼”了一声，说：“有什么
hǎo xiào de nán dào zhǐ yǒu zhǎng chéng nǐ men de yàng zi cái jiào rén
好笑的？难道只有长成你们的样子才叫人
na
哪？”

kù xiǎo bǎo hé méng xiǎo bèi lián máng dào qiàn shuō duì bu
酷小宝和萌小贝连忙道歉，说：“对不
qǐ duì bu qǐ wǒ men cuò le nín hǎo rèn shi nín zhēn de hěn
起，对不起，我们错了！您好！认识您真的很
gāo xìng
高兴！”

wō niú dà
蜗牛大
dù de shuō méi
度地说：“没
guān xi wǒ jiào
关系！我叫
shǎn diàn
闪电。”

“闪电？”酷小宝和萌小贝惊讶地说，“怪不得速度这么快！”

闪电蜗牛又摆动两下触角，说：“数学王国很神奇，两位要不要跟我去更好玩的地方？”

“要！要！当然要去！”酷小宝和萌小贝听了头点得像小鸡吃米似的说，“请您带我们去吧！”

闪电蜗牛摆动两下触角，说：“来，到我面前来。”

酷小宝和萌小贝走到闪电蜗牛跟前，闪电蜗牛的两根触角向前一伸，像大象鼻子一样，挑起酷小宝和萌小贝，送到了自己背上。

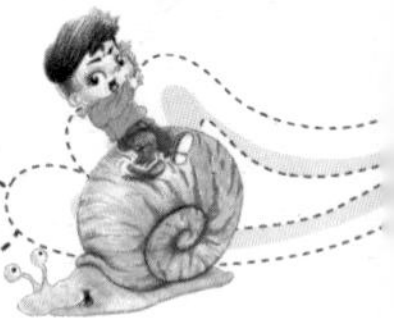

kù xiǎo bǎo hé méng xiǎo bèi zuò shàng wō niú ké gǎn jué diàn
酷小宝和萌小贝坐上蜗牛壳，感觉电
guāng yì shǎn shǎn diàn yí yàng dào le yí gè shí dòng páng
光一闪，闪电一样到了一个石洞旁。

kù xiǎo bǎo hé méng xiǎo bèi cóng shǎn diàn wō niú ké shang huá xia
酷小宝和萌小贝从闪电蜗牛壳上滑下
lai shǎn diàn wō niú bǎi dòng liǎng xià chù jiǎo shuō zhù nǐ men wán
来，闪电蜗牛摆动两下触角，说：“祝你们玩
de kāi xīn zài jiàn péng you men rán hòu diàn guāng yì shǎn xiāo
得开心！再见！朋友们。”然后，电光一闪，消
shī bú jiàn le
失不见了。

kù xiǎo bǎo hé méng xiǎo bèi zǒu dào shí dòng mén qián yòng shǒu mō
酷小宝和萌小贝走到石洞门前，用手摸
le yí xià mén mén shang chū xiàn le yì xiē shù xué suàn shì tián shàng
了一下门，门上出现了一些数学算式：填上
hé shì de yùn suàn fú hào shǐ děng shì chéng lì
合适的运算符号，使等式成立

$4\bigcirc 0=0$　　$0\bigcirc 4=0$　　$0\bigcirc 4=0$

$4\bigcirc 4=0$　　$0\bigcirc 0=0$　　$4\bigcirc 0=4$

$1\times2\times3\times4\times5\times6\times7\times8\times9\times0=$

$1+2+3+4+5+6+7+8+9+0=$

kù xiǎo bǎo shuō wǒ lái tián yùn suàn fú hào ba yùn suàn fú
酷小宝说：“我来填运算符号吧。运算符
hào yě jiù shì jiā hào jiǎn hào chéng hào hé chú hào yīn wèi hé rèn
号也就是加号、减号、乘号和除号，因为0和任

何数相乘都得0，所以，第一个是4×0=0，填乘号。第二个和第三个一样，所以一个填乘号，另一个填除号，分别是：0×4=0和0÷4=0。第四个是4−4=0，第五个只能填×，是4×0=0，因为0不能做除数。最后一个，填加号和减号都可以。”

萌小贝说：“剩下的两个交给我。第一个算式不用计算，得数是0。因为，无论前面相乘的结果是多少，最后乘0之后，仍然得0。第二个，不算0的话，一共是9个数相加。最中间的是5，我把9减4补给1，8减3补给2，7减2补给3，6减1补给4，这样，所有的数字都变成了5，一共有9个5，5×9=45，加上0还是45。”

萌小贝的话音刚落，石门“吱”一声打

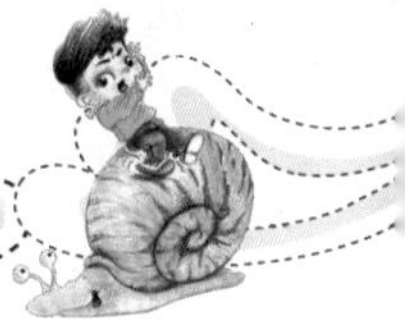

kāi le
开了。

mén kāi le yí dào cǎi hóng cóng lǐ miàn fēi chu lai kù xiǎo bǎo
门开了，一道彩虹从里面飞出来，酷小宝

hé méng xiǎo bèi gǎn dào yí zhèn xuàn yūn bèi juǎn rù cǎi hóng li
和萌小贝感到一阵眩晕，被卷入彩虹里。

+4　+2　-2　-4

$$1+2+3+4+5+6+7+8+9+0$$

+3　+1　-1　-3

$$=5\times 9+0$$
$$=45+0$$
$$=45$$

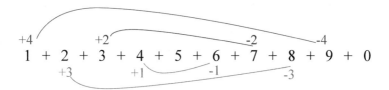

老海龟的难题

méng xiǎo bèi zhēng kāi yǎn jing shí shēn shang chuān zhe měi rén yú de gōng zhǔ qún zhèng yóu zài dà hǎi li zuò měi rén yú gōng zhǔ shì méng xiǎo bèi de mèng xiǎng

萌小贝睁开眼睛时，身上穿着美人鱼的公主裙，正游在大海里。做美人鱼公主，是萌小贝的梦想。

zhōng yú shí xiàn le zì jǐ de gōng zhǔ mèng xiǎng ér qiě shì zhēn zhèng de shí xiàn méng xiǎo bèi kāi xīn jí le tā yóu dào hǎi dǐ kàn dào měi lì de shān hú cóng gè sè sè cǎi yàn lì de xiǎo yúr zài shān hú cóng li chuān suō bù yóu jīng tàn tài měi le wǒ hǎo xǐ huan na

终于实现了自己的公主梦想，而且，是真正的实现，萌小贝开心极了。她游到海底，看到美丽的珊瑚丛，各色色彩艳丽的小鱼儿在珊瑚丛里穿梭，不由惊叹：“太美了！我好喜欢哪！”

zhè shí yì zhī páng dà de hǎi guī yóu le guò lái shuō zūn jìng de měi rén yú gōng zhǔ zǎo jiù tīng shuō nín cōng mǐn guò rén qǐng wèn nín néng bāng wǒ jiě jué yí dào nán tí ma

这时，一只庞大的海龟游了过来，说：“尊敬的美人鱼公主，早就听说您聪敏过人，请问，您能帮我解决一道难题吗？”

méng xiǎo bèi tīng le lǎo hǎi guī de huà dé yì bù yǐ shuō
萌小贝听了老海龟的话，得意不已，说：

dāng rán kě yǐ le qǐng wèn shì shén me nán tí ne
“当然可以了。请问是什么难题呢？”

lǎo hǎi guī ké sou liǎng shēng shuō shì yí gè wū pó gěi wǒ
老海龟咳嗽两声，说：“是一个巫婆给我

chū de tí tā shuō shén me shí hou yǒu rén bāng wǒ jiě dá chu lai wǒ
出的题，她说什么时候有人帮我解答出来，我

jiù néng biàn nián qīng
就能变年轻。”

méng xiǎo bèi jīng yà de wèn shù xué wū pó shì ma
萌小贝惊讶地问：“数学巫婆？是吗？”

lǎo hǎi guī shuō shì de jiù shì tā tí shì zhè yàng de
老海龟说：“是的，就是她。题是这样的：

hǎi guī páng xiè gòng zhī yí gòng yǒu tiáo tuǐ qǐng wèn yǒu jǐ
海龟、螃蟹共9只，一共有52条腿，请问：有几

zhī hǎi guī jǐ zhī páng xiè wǒ shì yì zhī hǎi guī zěn me huì jì
只海龟？几只螃蟹？我是一只海龟，怎么会计

算呢？看见数字我头都大呀。”

萌小贝笑着说：“以后您就不用再头疼了。你可以这样想：假如数学巫婆魔法棒一挥，让海龟都多出四条腿变成了螃蟹，9只都是螃蟹的话，就有8×9=72（条）腿了。但实际上，你们原本一共52条腿，72－52=20（条），为什么会多出20条腿呢？因为你们每只海龟多长了四条腿，20÷4=5（只），5只海龟一共长20条腿，所以，海龟一共是5只。那么，螃蟹就有9－5=4（只）了。”

海龟听了萌小贝的话，不乐意地说：“我可不愿意那么想！我才不要变成那横行霸道的家伙，做海龟多好哇！凭什么让我们变成螃蟹？不让螃蟹变成我们海龟呢？”

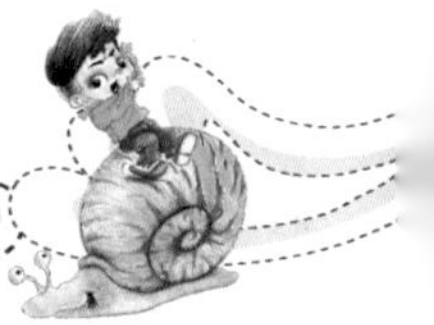

萌小贝咯咯笑道：“好，好，好！不让海龟变螃蟹，咱让螃蟹变海龟！你就这样想：数学巫婆魔法棒一挥，螃蟹们的8条腿一下子断掉了4条，每只螃蟹剩下4条腿，然后，都变成了海龟。哈哈，现在，9只都是海龟了，每只海龟4条腿，4×9=36（条）腿。为什么本来是52条腿，现在剩36条了？是因为每只螃蟹断掉了4条腿。52-36=16（条）腿，一共少了16条腿，是几只螃蟹少的呢？16÷4=4（只），4只螃蟹，每只少4条腿，一共少了16条腿。螃蟹有4只，你们海龟，就有9-4=5（只）。不管怎么想，答案都是一样的。”

老海龟张大嘴巴听萌小贝一口气说了那么多后，自言自语说：“螃蟹4只，海龟5只。

hǎi guī zhī páng xiè zhī
海龟5只，螃蟹4只。”

lǎo hǎi guī gāng gāng shuō wán tū rán jiān biàn xiǎo le chéng le
老海龟刚刚说完，突然间变小了，成了
yì zhī xiǎo hǎi guī
一只小海龟。

méng xiǎo bèi diǎn dian tóu xīng fèn de shuō hā hā duì la
萌小贝点点头，兴奋地说：“哈哈，对啦！
nǐ biàn nián qīng la
你变年轻啦！”

xiǎo hǎi guī zuò gè guǐ liǎn huá liǎng xià shuǐ zhuàn le gè quān
小海龟做个鬼脸，划两下水，转了个圈，
yóu dào méng xiǎo bèi shēn biān shuō hā hā nián qīng jiù shì hǎo wǒ
游到萌小贝身边说：“哈哈，年轻就是好，我
bǐ yǐ qián líng huó duō le bú guò nǐ gāng gāng shuō le nà me yí
比以前灵活多了。不过，你刚刚说了那么一
dà tòng wǒ hái shi méi tīng míng bai zěn me huí shì zhǐ jì zhù le
大通，我还是没听明白怎么回事，只记住了
dá àn
答案。”

méng xiǎo bèi cā bǎ lěng hàn shuō duì niú tán qín le
萌小贝擦把冷汗，说：“对牛弹琴了。”

xiǎo hǎi guī xiào zhe wèn duì niú tán qín nǐ yào qù tán qín
小海龟笑着问：“对牛弹琴？你要去弹琴？
shén me shì niú wǒ méi jiàn guò ne
什么是牛？我没见过呢！”

méng xiǎo bèi tīng le hā hā dà xiào wǒ bú shì duì niú tán
萌小贝听了哈哈大笑：“我不是对牛弹

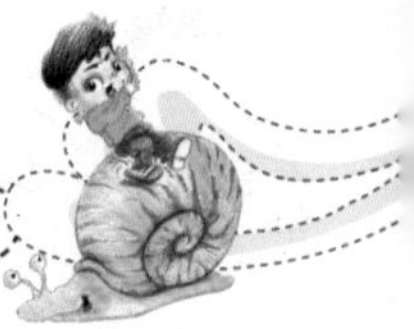

qín wǒ shì duì hǎi guī tán shù xué
琴，我是对海龟谈数学！”

xiǎo hǎi guī xī xī xiào zhe shuō xiè xie nǐ ràng wǒ huí dào nián
小海龟嘻嘻笑着说：“谢谢你让我回到年

qīng shí dài sòng gěi nǐ yí gè lǐ wù shuō zhe cóng zuǐ li tǔ
轻时代，送给你一个礼物！”。说着从嘴里吐

chū yí gè pào pào pào pào shùn jiān biàn dà bǎ méng xiǎo bèi bāo zài
出一个泡泡，泡泡瞬间变大，把萌小贝包在

lǐ miàn
里面。

灰姑娘的难题

bèi pào pào bāo guǒ qi lai de méng xiǎo bèi shēng qi de jiào dào
被泡泡包裹起来的萌小贝生气地叫道：
à nǐ zěn me ēn jiāng chóu bào wa
“啊！你怎么恩将仇报哇？”

měi lì de gōng zhǔ wǒ méi shāng hài nǐ o xiǎo hǎi
“美丽的公主，我没伤害你哦——”小海
guī de shēng yīn hái zài ěr páng méng xiǎo bèi fā xiàn zì jǐ yǐ jīng dào
龟的声音还在耳旁，萌小贝发现自己已经到
le yí gè mò shēng de huán jìng ér qiě yǐ jīng huī fù chéng zì jǐ de
了一个陌生的环境，而且已经恢复成自己的
mú yàng
模样。

méng xiǎo bèi huán gù sì zhōu zhè shì yí gè xiāng dāng dà de
萌小贝环顾四周，这是一个相当大的
yuàn zi kàn qi lai hǎo shú xī dàn yòu bú xiàng shì zhōng guó de
院子，看起来好熟悉，但又不像是中国的
fáng zi
房子。

méng xiǎo bèi bù zhī dào xiǎo hǎi guī wèi shén me yào bǎ zì jǐ sòng
萌小贝不知道小海龟为什么要把自己送
dào zhè lǐ tā zǒu xiàng yì jiān fáng zi tū rán tīng dào fáng jiān nèi yǒu
到这里，她走向一间房子，突然听到房间内有

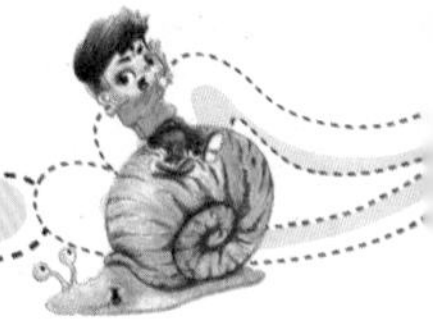

rén zài kū tīng shēng yīn xiàng gè nǚ hái
人在哭，听声音像个女孩。

méng xiǎo bèi hào qí de zǒu shàng qián qiāo qiao mén kū shēng tíng zhǐ le
萌小贝好奇地走上前，敲敲门，哭声停止了。

mén kāi le méng xiǎo bèi jiàn dào kāi mén de nǚ hái dà chī yì jīng jìng rán shì huī gū niang guài bu de zhè ge yuàn zi zhè me shú xī tā kàn le hěn duō cì huī gū niang de dòng huà piān
门开了，萌小贝见到开门的女孩大吃一惊：竟然是灰姑娘！怪不得这个院子这么熟悉，她看了很多次《灰姑娘》的动画片。

huī gū niang mǒ mo yǎn lèi qǐng wèn nǐ shì
灰姑娘抹抹眼泪："请问，你是？"

méng xiǎo bèi lǐ mào de shuō dǎ rǎo nín le duì bu qǐ qǐng wèn nín wèi shén me kū ne
萌小贝礼貌地说："打扰您了，对不起。请问，您为什么哭呢？"

huī gū niang bù hǎo yì si de qǐng méng xiǎo bèi xiān jìn wū li zuò bǎ yí qiè dōu gào su le méng xiǎo bèi yuán lái hòu mā hé jiě jie men dōu qī fu tā chī fàn shí ràng tā zuò yí gè kuān mù tiáo zuò de cháng fāng xíng fāng kuàng dāng dèng zi nà cháng fāng xíng dèng zi yí zuò jiù biàn xíng chéng le píng xíng sì biān xíng rán hòu pā hé zài yì
灰姑娘不好意思地请萌小贝先进屋里坐，把一切都告诉了萌小贝。原来后妈和姐姐们都欺负她，吃饭时让她坐一个宽木条做的长方形方框当凳子，那长方形凳子一坐就变形成了平行四边形，然后"啪"合在一

qǐ le kàn dào huī gū niang dūn dì shang hòu mā hé jiě jie men jiù
起了。看到灰姑娘蹲地上，后妈和姐姐们就
huì hā hā dà xiào měi cì dōu zhè yàng
会哈哈大笑，每次都这样。

méng xiǎo bèi tīng le ràng huī gū niang zhǎo lái liǎng gēn mù tiáo
萌小贝听了，让灰姑娘找来两根木条，
yòu zhǎo lái dīng zi hé chuí zi shuō píng xíng sì biān xíng bù wěn dìng
又找来钉子和锤子，说：“平行四边形不稳定，
róng yì biàn xíng wǒ zài liǎng biān de duì jiǎo xiàn chù gěi nǐ jiā gēn mù
容易变形。我在两边的对角线处给你加根木
tiáo jiù biàn chéng le liǎng gè sān jiǎo xíng zhè yàng jiù wěn dìng le
条就变成了两个三角形，这样就稳定了。”

méng xiǎo bèi bāng huī gū niang dìng hǎo le mù tiáo shuō nǐ lái
萌小贝帮灰姑娘钉好了木条，说：“你来
kàn kan xiàn zài shì fǒu wěn dìng le
看看，现在是否稳定了？”

huī gū niang shuāng shǒu yáo le liǎng xià bǎn dèng fā xiàn hěn wěn
灰姑娘双手摇了两下板凳，发现很稳
dang zuò shang qu shì shi zhēn de bù wāi le
当，坐上去试试，真的不歪了。

huī gū niang xiàng méng xiǎo bèi dào xiè xiè xie nǐ nǐ zhēn shi
灰姑娘向萌小贝道谢：“谢谢你！你真是
tài bàng le
太棒了！”

méng xiǎo bèi bù hǎo yì si de xiào le xiào shuō bú kè qi
萌小贝不好意思地笑了笑，说：“不客气！
nǐ hái yǒu shén me xū yào wǒ bāng zhù de dì fang jǐn guǎn shuō wǒ
你还有什么需要我帮助的地方，尽管说，我

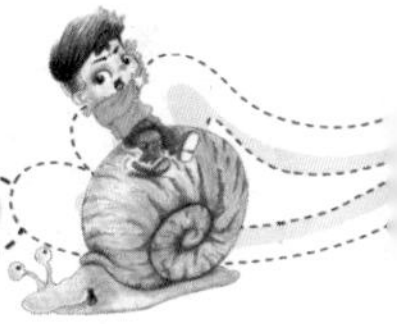

yí dìng jìn lì bāng nǐ
一定尽力帮你！”

huī gū niang yóu yù le yí xià shuō hái zhēn yǒu yí gè nán
灰姑娘犹豫了一下，说：“还真有一个难

tí yuán lái hòu mā hái ràng tā yòng mǐ cháng de lí ba wéi
题。”原来，后妈还让她用20米长的篱笆，围

chū yí gè cháng mǐ kuān mǐ de cháng fāng xíng cài dì hái bú
出一个长7米，宽5米的长方形菜地，还不

zhǔn tā lìng wài zài zhǎo cái liào wán bù chéng rèn wu jiù bǎ tā gǎn
准她另外再找材料，完不成任务就把她赶

chū jiā mén
出家门。

méng xiǎo bèi zài xīn lǐ jì suàn mǐ
萌小贝在心里计算：(7+5)×2=24(米)，

yí gòng xū yào mǐ lí ba
一共需要24米篱笆。

huī gū niang kū zhe shuō wǒ suàn le suàn yí gòng xū yào
灰姑娘哭着说：“我算了算，一共需要

mǐ ne mǐ de lí ba nǎr gòu yòng nga
24米呢，20米的篱笆哪儿够用啊？”

méng xiǎo bèi xiǎng le xiǎng wèn tā guī dìng cài dì de dì diǎn
萌小贝想了想，问：“她规定菜地的地点

le ma
了吗？”

huī gū niang yáo yao tóu shuō méi yǒu suǒ yǒu jiā wù nóng huó
灰姑娘摇摇头说：“没有，所有家务农活

dōu shì wǒ zuò tā men měi tiān zhǐ chī hē wán lè jīn tiān tīng tā men
都是我做。她们每天只吃喝玩乐，今天听她们

shuō yǒu gè míng pái fú zhuāng diàn kāi zhāng yǒu bàn jià huó dòng dōu fēng
说有个名牌服装店开张有半价活动，都疯

kuáng qiǎng gòu qù le
狂抢购去了。”

méng xiǎo bèi xiào zhe shuō nà jiù hǎo bàn le
萌小贝笑着说：“那就好办了。”

méng xiǎo bèi ràng huī gū niang dài lǐng tā dào yuàn zi li zhuàn le
萌小贝让灰姑娘带领她到院子里转了

yí xià tā xuǎn le kào běi qiáng de yí kuài dì shuō zài zhè lǐ
一下。她选了靠北墙的一块地，说：“在这里

ba běi qiáng bú huì zhē zhù cài dì de yáng guāng
吧，北墙不会遮住菜地的阳光。”

huī gū niang yě fēi cháng cōng míng shuō nǐ zhēn bàng wǒ
灰姑娘也非常聪明，说：“你真棒！我

zěn me jiù méi xiǎng dào ràng cài dì yí miàn kào qiáng ne
怎么就没想到让菜地一面靠墙呢？”

tā men gǎn jǐn dòng shǒu ràng cài dì yí gè cháng biān kào qiáng
她们赶紧动手，让菜地一个长边靠墙，

wǒ men lái suàn yi suàn zhè yàng zhǐ xū yào duō cháng de lí ba jiù kě
我们来算一算，这样只需要多长的篱笆就可

yǐ le ne
以了呢？

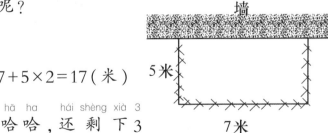

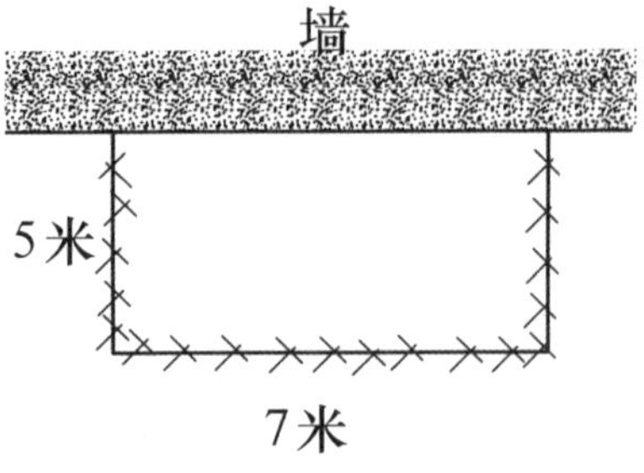

7＋5×2＝17（米）

hā ha hái shèng xià 3
哈哈，还剩下3

mǐ méi yòng wán ne
米没用完呢。

huī gū niang kāi xīn de bào zhù méng xiǎo bèi nǐ zhēn bàng
灰姑娘开心地抱住萌小贝："你真棒！

zhēn shi tài gǎn xiè nǐ le
真是太感谢你了！"

méng xiǎo bèi wēi xiào zhe shuō bú kè qi
萌小贝微笑着说："不客气！"

huī gū niang wāi zhe nǎo dài xiǎng le xiǎng wèn rú guǒ wǒ ràng
灰姑娘歪着脑袋想了想，问："如果我让

kuān mǐ de biān kào qiáng ne nà me jiù xū yào liǎng gè mǐ hé
宽5米的边靠墙呢？那么，就需要两个7米和

yí gè mǐ yí gòng shì mǐ yě yòng bù le
一个5米，一共是：$7\times2+5=19$（米），也用不了

mǐ de lí ba
20米的篱笆！"

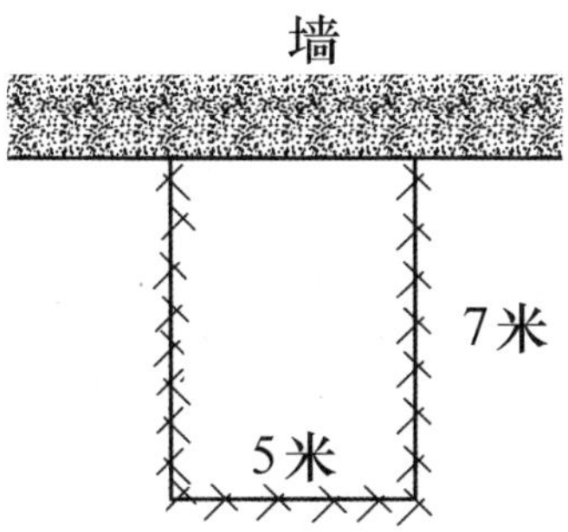

méng xiǎo bèi wēi xiào de kàn zhe huī gū niang shuō què shí shì
萌小贝微笑地看着灰姑娘，说："确实是

zhè yàng xià miàn zán men yì qǐ láo dòng ba
这样！下面，咱们一起劳动吧？"

méng xiǎo bèi hé huī gū niang yì qǐ gàn hěn kuài jiù yòng mǐ
萌小贝和灰姑娘一起干，很快就用17米
de lí ba wéi chū le yí gè cháng mǐ kuān mǐ de cháng fāng xíng
的篱笆，围出了一个长7米、宽5米的长方形
cài dì
菜地。

huī gū niang gǎn jī de cháo méng xiǎo bèi jū gè gōng shuō
灰姑娘感激地朝萌小贝鞠个躬，说：
xiè xie nǐ zhēn de fēi cháng gǎn xiè nǐ
“谢谢你！真的非常感谢你！”

méng xiǎo bèi gāng yào gēn huī gū niang shuō bú yòng kè qi
萌小贝刚要跟灰姑娘说“不用客气”，
huà méi shuō chū kǒu jiù gǎn jué bèi yì gǔ lì liàng xī le jìn qù
话没说出口，就感觉被一股力量吸了进去。

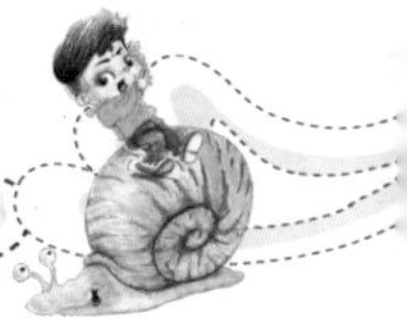

悟空戏八戒（1）

hóu gē hóu gē méng xiǎo bèi zhēng kāi yǎn jing wā shì
“猴哥，猴哥！”萌小贝睁开眼睛，哇！是
zhū bā jiè zěn me huí shì zěn me huí shì méng xiǎo bèi tái shǒu kàn
猪八戒！怎么回事？怎么回事？萌小贝抬手看
dào zì jǐ yì shǒu jīn máo qì huài le wǒ shì nǚ hái zi biàn sūn
到自己一手金毛，气坏了：我是女孩子，变孙
wù kōng zhè shìr yīng gāi zhǎo kù xiǎo bǎo wa hng yí dìng shì shù xué
悟空这事儿应该找酷小宝哇！哼，一定是数学
wū pó nòng cuò le
巫婆弄错了！

hóu gē nǐ zǒng suàn xǐng le zěn me shuì de zhè me chén
“猴哥，你总算醒了。怎么睡得这么沉？
xiàng ǎn lǎo zhū shì de zhū bā jiè yàn le kǒu tuò mò shuō wǒ men
像俺老猪似的！”猪八戒咽了口唾沫说，“我们
qù zhǎo diǎn chī de ba shī fu dōu è huài le
去找点吃的吧？师傅都饿坏了。”

méng xiǎo bèi xiǎng zuò sūn wù kōng yě bú cuò hái yǒu gè hǎo
萌小贝想：做孙悟空也不错，还有个好
wán de bā jiè péi zhe jì lái zhī zé ān zhī ba
玩的八戒陪着，既来之，则安之吧。

shā sēng liú xià bǎo hù shī fu méng xiǎo bèi hé zhū bā jiè fēn
沙僧留下保护师傅，萌小贝和猪八戒分

头去找吃的。萌小贝翻个筋斗云到了一个桃园，很快摘了些桃，路上还捡到一大一小两个西瓜，装进能伸缩的口袋里。

萌小贝想戏弄猪八戒，就变成一只小飞虫，找到了猪八戒。

猪八戒扛着铁耙走了很远的路，也没找到一点吃的，嘟哝道：“这荒山野岭的，去哪儿找吃的？”说着不小心脚下一滑，咕咕噜噜就到了山脚下。

被撞得晕头转向的猪八戒，摸摸铁耙还在身边，站起来刚走了两步，一下子又被什么东西给绊倒了。

“怎么这么倒霉呢？”猪八戒嘟哝着，发现绊倒他的是一个大西瓜，马上就眉开眼笑了，

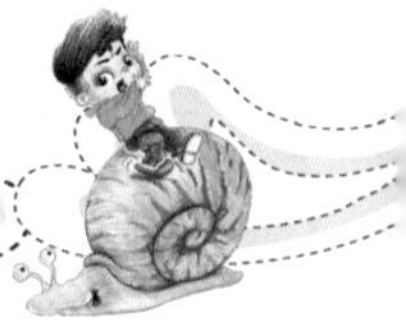

hā hā zhēn bu cuò xī guā jiě kě yòu jiě è
“哈哈，真不错，西瓜解渴又解饿！”

méng xiǎo bèi biàn huí sūn wù kōng de mú yàng zhàn zài yún duān
萌小贝变回孙悟空的模样，站在云端

hǎn hāi bā jiè yì qǐ huí qù ba
喊：“嗨！八戒，一起回去吧！”

zhū bā jiè jiàn wù kōng liǎng shǒu kōng kōng wèn hóu gē nǐ
猪八戒见悟空两手空空，问：“猴哥，你

zěn me shén me chī de dōu méi zhǎo dào wa zhè ge dà xī guā kě shì wǒ
怎么什么吃的都没找到哇？这个大西瓜可是我

zhǎo de wǒ děi duō chī diǎn
找的，我得多吃点。”

méng xiǎo bèi shuō hǎo de hǎo de liǎng rén téng yún jià wù
萌小贝说：“好的，好的！”两人腾云驾雾

hěn kuài jiù huí dào le shī fu shēn biān
很快就回到了师傅身边。

zhū bā jiè zhuàn zhuan xiǎo yǎn zhū duì táng sēng shuō shī fu
猪八戒转转小眼珠，对唐僧说：“师傅，

zhè dà xī guā kě shì wǒ zhǎo dào de
这大西瓜可是我找到的。”

táng sēng kuā bā jiè bā jiè zhēn lì hai
唐僧夸八戒：“八戒真厉害！”

méng xiǎo bèi shuō zhè yàng ba bā jiè wǒ hé shī fu shā
萌小贝说：“这样吧八戒，我和师傅、沙

shī dì chī yí kuài nǐ zì jǐ chī liǎng kuài
师弟吃一块，你自己吃两块。”

bā jiè yì tīng kāi xīn de diǎn tóu shuō hóu gē nǐ
八戒一听，开心地点头，说：“猴哥，你

zhēn hǎo
真好！”

méng xiǎo bèi duì zhe dà xī guā shuā shuā jǐ xià bǎ xī guā fēn chéng le wǔ kuài fēi kuài de gěi shī fu shā sēng zì jǐ gè yí kuài gěi zhū bā jiè liú le liǎng kuài
萌小贝对着大西瓜唰唰几下把西瓜分成了五块，飞快地给师傅、沙僧、自己各一块，给猪八戒留了两块。

kě shì zhū bā jiè shǎ yǎn le qì fèn de shuō sūn wù kōng nǐ zěn me néng zhè me fēn ne zěn me néng zhè me fēn ne
可是，猪八戒傻眼了，气愤地说：“孙悟空！你怎么能这么分呢？怎么能这么分呢！”

yuán lái zhū bā jiè yǐ wèi sūn wù kōng huì píng jūn fēn chéng wǔ fèn shī fu wù kōng shā sēng gè fēn dào bā jiè fēn dào
原来，猪八戒以为孙悟空会平均分成五份，师傅、悟空、沙僧各分到$\frac{1}{5}$，八戒分到$\frac{2}{5}$。

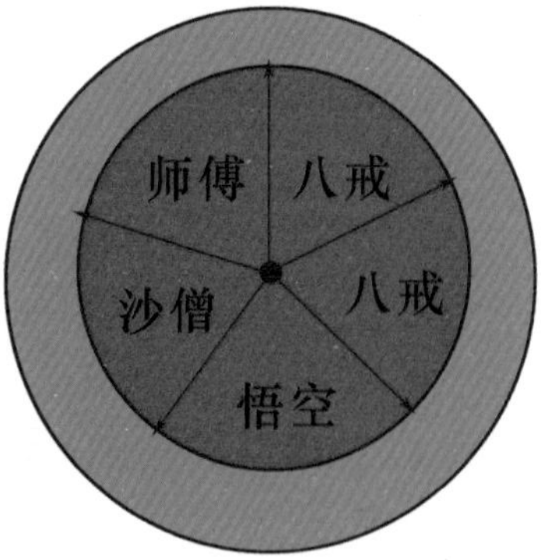

méng xiǎo bèi shì zěn me fēn de ne hā hā shì zhè yàng fēn
萌小贝是怎么分的呢？哈哈，是这样分

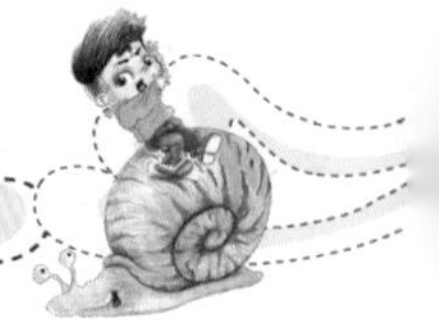

de shī fu de zuì duō bā jiè de liǎng kuài hái méi yǒu tā men de yí
的：师傅的最多，八戒的两块还没有他们的一

kuài dà
块大。

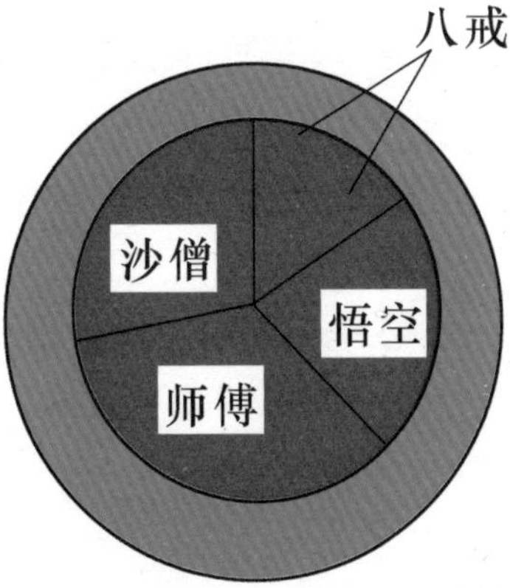

bā jiè qì hū hū de shuō zhe nǐ yīng gāi píng jūn fēn chéng wǔ
八戒气呼呼地说着：“你应该平均分成五

fèn
份！”

méng xiǎo bèi xiào xī xī de wèn wǒ kāi shǐ shuō píng jūn fēn
萌小贝笑嘻嘻地问：“我开始说平均分

le ma méi shuō ba nǐ chī bù nǐ bù chī wǒ kě chī le ya
了吗？没说吧？你吃不？你不吃我可吃了呀！”

shuō wán méng xiǎo bèi ná zǒu bā jiè de liǎng kuài xī guā chī dào le
说完，萌小贝拿走八戒的两块。西瓜吃到了

dù zi li
肚子里。

qì de zhū bā jiè liǎn dōu zǐ le
气得猪八戒脸都紫了。

xī xī zhēn hǎo wán méng xiǎo bèi àn xiào zhū bā jiè hái zhī
嘻嘻，真好玩！萌小贝暗笑：猪八戒还知

dào yòng fēn shù biǎo shì jiù shì hū lüè le yào yòng fēn shù biǎo shì bì
道用分数表示，就是忽略了要用分数表示，必

xū děi shuō míng píng jūn fēn zhè kě shì wǒ píng shí zuò de pàn duàn tí
须得说明平均分。这可是我平时做的判断题

li jīng cháng chū xiàn de bǎ yí gè xī guā fēn chéng fèn měi fèn shì
里经常出现的：把一个西瓜分成5份，每份是

tā de wǔ fēn zhī yī hā hā cuò yīn wèi méi shuō píng jūn fēn
它的五分之一，哈哈，错！因为没说平均分！

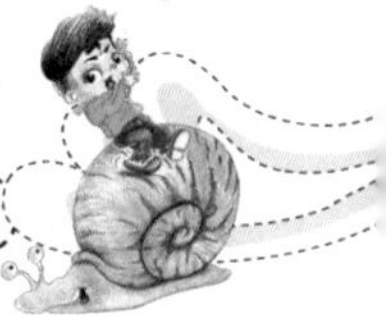

悟空戏八戒(2)

méng xiǎo bèi kàn zhū bā jiè nà qì hū hū de yàng zi gǎn jǐn
萌小贝看猪八戒那气呼呼的样子，赶紧

shuō bā jiè bié shēng qi la hóu gē wǒ yě zhāi le xī guā ne
说：“八戒别生气啦。猴哥我也摘了西瓜呢。

ràng nǐ duō chī diǎn hǎo bu hǎo
让你多吃点，好不好？”

bā jiè jīng xǐ de zhēng dà yǎn jing dàn mǎ shàng yòu dān yōu de
八戒惊喜地睁大眼睛，但马上又担忧地

wèn hóu gē nǐ bú huì piàn wǒ ba
问：“猴哥，你不会骗我吧？”

méng xiǎo bèi xiào zhe shuō zěn me huì piàn nǐ ne piàn nǐ shì
萌小贝笑着说：“怎么会骗你呢？骗你是

xiǎo gǒu
小狗！”

bā jiè hng le yì shēng shuō nǐ huì qī shí èr biàn
八戒“哼”了一声，说：“你会七十二变，

yào biàn zhī gǒu hái bù róng yì
要变只狗还不容易？”

méng xiǎo bèi tīng le bā jiè de huà kū xiào bù dé shuō yǒu
萌小贝听了八戒的话，哭笑不得，说：“有

shī fu hé shā shī dì gěi wǒ zuò zhèng
师傅和沙师弟给我做证！”

táng sēng hé shā sēng lián máng shuō wǒ liǎ gěi nǐ men zuò
唐僧和沙僧连忙说："我俩给你们做
zhèng bā jiè zhuàn zhuàn yǎn zhū shuō shī fu rú guǒ hóu gē piàn
证！"八戒转转眼珠说："师傅，如果猴哥骗
le wǒ nǐ děi niàn jǐn gū zhòu chéng fá tā
了我，你得念紧箍咒惩罚他！"

méng xiǎo bèi yì tīng xīn xiǎng hǎo nǐ gè zhū bā jiè zhǎng xīn
萌小贝一听，心想：好你个猪八戒，长心
yǎnr le ya hng wǒ kě bù pà nǐ
眼儿了呀！哼，我可不怕你！

méng xiǎo bèi duì táng sēng shuō hǎo shī fu nǐ lái zuò
萌小贝对唐僧说："好！师傅，你来做
zhèng rú guǒ wǒ piàn le bā jiè nín jiù niàn jǐn gū zhòu lái chéng fá
证，如果我骗了八戒，您就念紧箍咒来惩罚
wǒ hǎo le
我好了！"

bā jiè tīng méng xiǎo bèi zhè yàng shuō jiàn táng sēng diǎn le tóu
八戒听萌小贝这样说，见唐僧点了头，
mǎ shàng jiù kāi xīn le
马上就开心了。

méng xiǎo bèi shuō zhè cì zan men ràng shī fu chī wǒ chī shā
萌小贝说："这次咱们让师傅吃，我吃，沙
shī dì chī nǐ chī hǎo bu hǎo
师弟吃。你吃，好不好？"

bā jiè gāo xìng de shuō hǎo wa hǎo wa nǐ yòng fēn shù biǎo
八戒高兴地说："好哇，好哇。你用分数表
shì wǒ jiù bù dān xīn le yīn wèi zhǐ yǒu píng jūn fēn cái néng yòng fēn
示我就不担心了。因为只有平均分才能用分

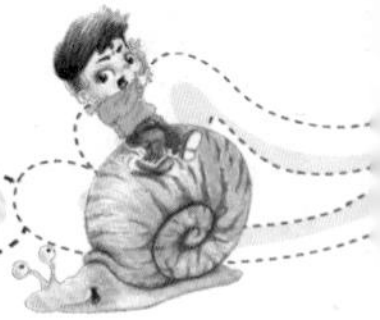

shù biǎo shì
数表示。”

méng xiǎo bèi hē hē yí xiào bā jiè zhēn liǎo bu qǐ ya hái
萌小贝呵呵一笑：“八戒真了不起呀，还

zhī dào píng jūn fēn zhè cì yòng fēn shù biǎo shì nǐ fàng xīn le ba
知道平均分。这次用分数表示，你放心了吧？

hóu gē duì nǐ hǎo ba
猴哥对你好吧？”

bā jiè kāi xīn de diǎn dian tóu shuō hǎo děng děng hǎo xiàng
八戒开心地点点头说：“好。等等，好像

bú duì jìn na shī fu chī nǐ chī shā shī dì chī nǐ men sān gè
不对劲哪？师傅吃，你吃，沙师弟吃，你们三个

chī jiù yǐ jīng bǎ xī guā gěi chī wán le zěn me wǒ hái néng chī
吃，就已经把西瓜给吃完了，怎么我还能吃

ne
呢？”

méng xiǎo bèi hā hā xiào zhe shuō āi ya wǒ men bā jiè cōng
萌小贝哈哈笑着说：“哎呀，我们八戒聪

míng le ya shì zhè yàng de yǒu liǎng gè xī guā ne
明了呀！是这样的，有两个西瓜呢。”

bā jiè yì tīng liǎng gè xī guā yòu kāi xīn le shuō hóu gē
八戒一听两个西瓜，又开心了，说：“猴哥

de yì si shì nǐ men sān rén chī yí gè wǒ zì jǐ chī yí gè hóu
的意思是你们三人吃一个，我自己吃一个。猴

gē zhēn hǎo
哥真好！”

méng xiǎo bèi yòu gē gē xiào qi lai fēi sù cóng shēn suō dài li
萌小贝又咯咯笑起来，飞速从伸缩袋里

变出两个西瓜，各平均分成了四份，给师傅两块，自己和沙僧各一块，给八戒留了四块。

八戒呆呆地看着萌小贝一连串的动作，看着给自己留下的四块西瓜，怒火冲天地大叫：“哇——，你个孙猴子！你又欺负我！”

八戒冲唐僧喊：“师傅，孙悟空他又骗我了，念紧箍咒惩罚他！”

萌小贝笑嘻嘻地问：“我怎么骗你了？咱不是平均分的吗？猴哥我说话算话呀！我们三人吃，你吃。哪里不对吗？骗你了吗？”

沙僧点点头说：“是呀，大师兄说得没错呀！”

唐僧笑呵呵地说：“对呀，八戒，悟空没骗你呀。他若是骗了你，师傅我一定不饶他。”

bā jiè zhāng le zhāng zuǐ qì de shuō bù chū huà lái
八戒张了张嘴，气得说不出话来。

yuán lái méng xiǎo bèi fēn de shì liǎng gè xī guā bù jiǎ dàn
原来，萌小贝分的是两个西瓜不假，但
shì zhè liǎng gè xī guā shì yí gè dà yí gè xiǎo wa ér fēn gěi bā
是这两个西瓜，是一个大，一个小哇。而分给八
jiè de nà xiǎo xī guā xiǎo de jiù xiàng gè quán tóu shì de ér qiě shì
戒的那小西瓜，小得就像个拳头似的，而且是
bái zǐ bái ráng méi fǎ chī
白子白瓤没法吃。

悟空戏八戒(3)

bā jiè běn lái xiǎng dǔ qì bù chī nà ge xiǎo xī guā de dàn
八戒本来想赌气不吃那个小西瓜的，但
dù zi shí zài è zhǐ hǎo kě lián xī xī de ná qǐ xiǎo xī guā chī
肚子实在饿，只好可怜兮兮地拿起小西瓜吃
qi lai
起来。

méng xiǎo bèi kàn bā jiè kě lián de yàng zi shuō hǎo le
萌小贝看八戒可怜的样子，说：“好了，
bā jiè bié shēng shī gē de qì le shī gē dòu nǐ wán ne wǒ dài
八戒，别生师哥的气了。师哥逗你玩呢。我袋
zi li hái yǒu hěn duō táo zi gěi nǐ liú zhe ne zhè cì zán men píng
子里还有很多桃子给你留着呢，这次咱们平
jūn fēn hǎo bu hǎo
均分好不好？”

bā jiè zhǎ zha zì jǐ de xiǎo yǎn jing shuō hng bù lǐ nǐ
八戒眨眨自己的小眼睛，说：“哼！不理你
le wǒ zài yě bù xiāng xìn nǐ le
了，我再也不相信你了。”

méng xiǎo bèi còu shàng qián qù shuō hǎo bā jiè bié zài
萌小贝凑上前去，说：“好八戒，别再
shēng qi le zhè cì hóu gē bú zài zhuō nòng nǐ le zhēn de
生气了。这次猴哥不再捉弄你了，真的！”

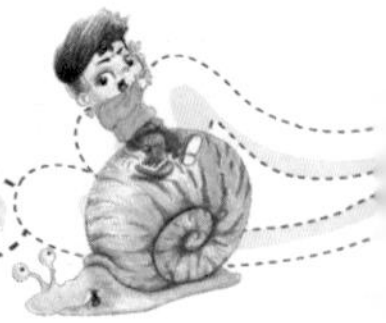

táng sēng rěn zhù xiào shuō hǎo le wù kōng bié zài zhuō nòng
唐僧忍住笑说："好了，悟空，别再捉弄

bā jiè le
八戒了。"

shā sēng yě rěn zhe xiào shuō dà shī xiōng èr shī xiōng fàn
沙僧也忍着笑说："大师兄，二师兄饭

liàng dà bié zài rě tā bù kāi xīn le
量大，别再惹他不开心了。"

méng xiǎo bèi zuò gè guǐ liǎn shuō qí shí shī gē wǒ zuì xǐ
萌小贝做个鬼脸，说："其实师哥我最喜

huan bā jiè le yào bú shì yǒu bā jiè péi zhe nà zhè yí lù shang duō
欢八戒了，要不是有八戒陪着，那这一路上多

wú liáo wa wǒ gāng gāng dòu bā jiè wán ne xià miàn wǒ bǎ dài zi li
无聊哇？我刚刚逗八戒玩呢。下面我把袋子里

de táo zi píng jūn fēn hǎo bu hǎo yīn wèi wǒ men dōu chī le xī guā
的桃子平均分好不好？因为我们都吃了西瓜，

suǒ yǐ táo zi ràng bā jiè duō chī diǎn wǒ men gè chī $\frac{1}{5}$ bā jiè
所以，桃子让八戒多吃点，我们各吃$\frac{1}{5}$，八戒

chī
吃$\frac{2}{5}$。”

bā jiè shēng qi de shuō zhěng gè táo zi dōu gěi wǒ yě bú
八戒生气地说：“整个桃子都给我，也不

gòu wǒ tián bǎo dù zi hái bú gòu wǒ sāi yá fèng ne
够我填饱肚子，$\frac{2}{5}$还不够我塞牙缝呢！

méng xiǎo bèi xiào mī mī de shuō bā jiè zhè cì zěn me è hú
萌小贝笑眯眯地说：“八戒这次怎么饿糊

tu le ne bìng bú shì zhǐ yǒu yí gè táo zi píng jūn fēn hòu cái néng
涂了呢？并不是只有一个桃子平均分后才能

yòng fēn shù biǎo shì
用分数表示。”

bā jiè zhǎ zha yǎn bù míng bai shén me yì si
八戒眨眨眼，不明白什么意思。

méng xiǎo bèi jiē zhe shuō bǎ yí gè táo zi píng jūn fēn chéng
萌小贝接着说：“把一个桃子平均分成

fèn měi fèn shì yí gè táo zi de wǔ fēn zhī yī bǎ yì lán táo zi
5份，每份是一个桃子的五分之一；把一篮桃子

píng jūn fēn chéng fèn měi fèn shì yì lán táo zi de wǔ fēn zhī yī
平均分成5份，每份是一篮桃子的五分之一。

rú guǒ zhè lán táo zi yǒu gè nà me tā de wǔ fēn zhī yī jiù shì
如果这篮桃子有5个，那么，它的五分之一就是

yī gè wán zhěng de táo zi
一个完整的桃子。”

bā jiè zhuàn zhuan yǎn zhū shuō nǐ de yì si shì shuō rú
八戒转转眼珠，说：“你的意思是说，如

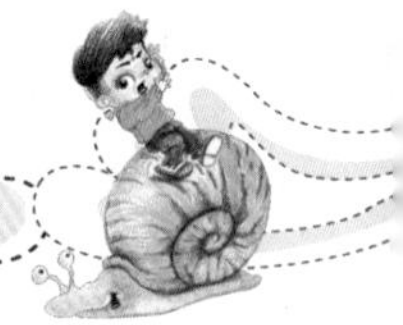

guǒ nǐ zhè dài zi li yǒu gè táo zi nǐ men sān rén měi rén chī yí
果你这袋子里有5个桃子，你们三人每人吃一
gè gěi wǒ liǎng gè duì bu duì
个，给我两个，对不对？”

méng xiǎo bèi diǎn dian tóu shuō duì tóu bā jiè zhōng yú míng
萌小贝点点头，说：“对头！八戒终于明
bai guo lai zěn me huí shì le wǒ de dài zi li kě bú shì zhǐ yǒu
白过来怎么回事了！我的袋子里可不是只有
gè táo zi o yǒu gè ne
5个桃子哦，有45个呢！”

à nà me duō bā jiè jīng xǐ de kǒu shuǐ zhí liú kuài
“啊！那么多！”八戒惊喜地口水直流，“快
ná chu lai chī ba
拿出来吃吧！”

bù xíng méng xiǎo bèi bǎ liǎn yì chén shuō kǎo kao nǐ
“不行！”萌小贝把脸一沉，说：“考考你，
suàn duì le jiù àn wǒ gāng cái shuō de fēn gěi nǐ fǒu zé de
算对了就按我刚才说的分给你，否则的
huà
话……”

bā jiè cā ca kǒu shuǐ shuō nà jiù kuài diǎn kǎo ba wǒ
八戒擦擦口水，说：“那就快点考吧！我
dōu kuài è sǐ la
都快饿死啦！”

méng xiǎo bèi xiào mī mī de shuō wǒ kǒu dai li yí gòng yǒu
萌小贝笑眯眯地说：“我口袋里一共有
gè táo zi fēn gěi nǐ wǔ fēn zhī èr nǐ děi suàn yi suàn zhè
45个桃子，分给你五分之二，你得算一算，这

45个桃子的五分之二是几个呢？算出来就是你的！”

八戒乐呵呵地说：“给我五分之二，也就是说把45个桃子平均分成五份，分给我两份。$45\div5=9$（个），一份是9个，意思就是师傅、沙师弟和猴哥你们每人分一份，每人9个桃子。剩下的都是我的，我的是两份，一份9个，两份就是2个9，$9\times2=18$（个）。哇！我能分到18个桃子！”

萌小贝哈哈笑着说：“算得对极了！八戒聪明了！”

八戒眉头一拧，问：“猴哥，你不会骗我吧？”

唐僧和沙僧笑着说：“别逗八戒了，赶紧

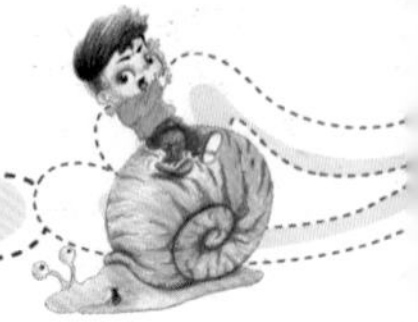

bǎ táo zi ná chu lai ba
把桃子拿出来吧。”

méng xiǎo bèi cóng huái li tāo chū shōu suō dài dào chū táo zi shǒu yì huī táo zi bèi fēn chéng le fèn qí zhōng fèn gè gè táo zi lìng yí fèn gè táo zi
萌小贝从怀里掏出收缩袋，倒出桃子，手一挥，桃子被分成了4份：其中3份各9个桃子，另一份18个桃子。

zhū bā jiè kàn dào yòu dà yòu hóng de táo zi yí xià zi pū guo qu dà kǒu dà kǒu chī qi lai
猪八戒看到又大又红的桃子，一下子扑过去，大口大口吃起来。

想离开飞船的酷小宝

huà shuō kù xiǎo bǎo bèi juǎn rù cǎi hóng zài cì zhēng kāi yǎn jing
话说酷小宝被卷入彩虹，再次睁开眼睛

shí fā xiàn zì jǐ chuān zhe yǔ háng fú tǎng zài yí gè fēi chuán li
时，发现自己穿着宇航服躺在一个飞船里。

zuò yǔ háng yuán shì kù xiǎo bǎo de mèng xiǎng zhōng yú shí xiàn le mèng
做宇航员是酷小宝的梦想，终于实现了梦

xiǎng kù xiǎo bǎo kāi xīn jí le tā tǐ yàn yǔ háng yuán tǎng zhe zhàn
想，酷小宝开心极了。他体验宇航员躺着、站

zhe dūn zhe zuò zhe shuì jiào fā xiàn wú lùn zěn me shuì dōu nà me
着、蹲着、坐着睡觉，发现，无论怎么睡，都那么

shū fu
舒服。

kù xiǎo bǎo kāi xīn de xiǎng hā hā yào shi méng xiǎo bèi hé tóng
酷小宝开心地想：哈哈，要是萌小贝和同

xué men zhī dào wǒ zuò le yǔ háng yuán hái bù dōu xiàn mù bù zhī dào
学们知道我做了宇航员，还不都羡慕？不知道

méng xiǎo bèi xiàn zài zài nǎ lǐ zhěng tiān dōu xiǎng zhe dāng gōng zhǔ nán
萌小贝现在在哪里？整天都想着当公主，难

dào tā xiàn zài zhèng zài zuò gōng zhǔ shì bái xuě gōng zhǔ de huà kě
道她现在正在做公主？是白雪公主的话，可

néng gēn qī gè xiǎo ǎi rén zài yì qǐ huò zhě zhèng zài shòu huài huáng
能跟七个小矮人在一起，或者正在受坏皇

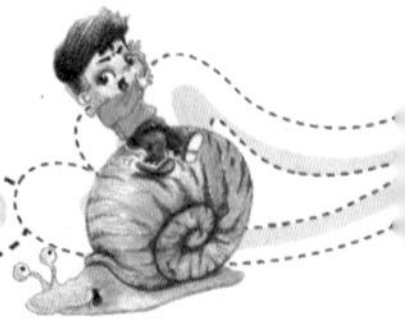

hòu de xiàn hài shì xiān dì gōng zhǔ huī gū niang de huà yě xǔ zhèng
后的陷害；是仙蒂公主灰姑娘的话，也许正
zài zāo shòu hòu mā hé jiě jie men de qī fu huò zhě zhèng zài cāng
在遭受后妈和姐姐们的欺负，或者正在仓
huáng táo chū wǔ huì chǎng diū diào le yì zhī shuǐ jīng xié shì bèir
皇逃出舞会场，丢掉了一只水晶鞋；是贝儿
gōng zhǔ de huà huò xǔ zhèng yǔ wáng zǐ biàn chéng de yě shòu dòu zhì
公主的话，或许正与王子变成的野兽斗智
huì rú guǒ biàn chéng le tā zuì xǐ huan de měi rén yú gōng zhǔ ài lì
慧；如果变成了她最喜欢的美人鱼公主爱丽
ér jiù gèng cǎn le kě néng zhèng zài zāo shòu yú wěi fēn lí chéng shuāng
儿就更惨了，可能正在遭受鱼尾分离成双
tuǐ de tòng kǔ
腿的痛苦……

xiǎng zhe xiǎng zhe kù xiǎo bǎo jiù mí mí hū hū shuì zháo le
想着想着，酷小宝就迷迷糊糊睡着了。

yě bù zhī shuì le duō cháng shí jiān kù xiǎo bǎo xǐng lái shēn gè
也不知睡了多长时间，酷小宝醒来伸个
lǎn yāo xiǎng hǎo shū fu yě bù zhī dào méng xiǎo bèi xiàn zài zài nǎ
懒腰，想：好舒服！也不知道萌小贝现在在哪
lǐ zhēn bù zhī dào zuò gōng zhǔ yǒu shén me hǎo de huò zhě ràng tā jīng
里？真不知道做公主有什么好的？或者让她经
lì yí xià gōng zhǔ men yù dào de kǔ nàn tā jiù zài yě bú zuò gōng
历一下公主们遇到的苦难，她就再也不做公
zhǔ mèng le zuò gōng zhǔ nǎ lǐ yǒu zuò yǔ háng yuán shū fu méi yǒu
主梦了。做公主哪里有做宇航员舒服？没有
zhòng lì de gǎn jué zhēn měi miào zhǐ shì yīn wèi fēi chuán li méi yǒu
重力的感觉真美妙。只是，因为飞船里没有

重力，吃东西和大小便都不方便……

刚想到“大小便不方便”，酷小宝就感觉自己肚子痛，想上厕所了。

这可怎么办？这怎么尿尿呢？如果在飞船里尿的话，没有重力，尿还不得满仓飞？到时候弄得满身满头满脸都是尿？酷小宝急坏了。

酷小宝隔着飞船的玻璃窗向外看，外面星光灿烂，突然感觉有点害怕，当宇航员再好玩，他也不想一直一个人待在这飞船里。

怎么才能回去呢？酷小宝想：是做数学题吗？数学题在哪儿呢？他敲敲飞船的玻璃窗，玻璃窗变成了一个显示屏：酷小宝家、萌小贝家和学校在一条直线上，酷小宝家离学校20米，萌小贝家离学校90米。请问：酷小

bǎo jiā yǔ méng xiǎo bèi jiā xiāng jù duō shao mǐ
宝家与萌小贝家相距多少米？

kù xiǎo bǎo kàn wán tí mù shuō qiè xiā chū tí wǒ jiā
酷小宝看完题目，说：“切！瞎出题！我家

hé méng xiǎo bèi jiā míng míng shì yí gè jiā ma
和萌小贝家明明是一个家嘛！”

dàn tí hái shi yào zuò de kù xiǎo bǎo xiǎng jiào kù xiǎo bǎo de
但题还是要做的，酷小宝想：叫酷小宝的

rén duō le jiào méng xiǎo bèi de rén yě duō le zhè ge kù xiǎo bǎo bú
人多了，叫萌小贝的人也多了。这个酷小宝不

shì wǒ zhè ge méng xiǎo bèi dāng rán yě bú shì méng xiǎo bèi
是我，这个萌小贝当然也不是萌小贝。

kù xiǎo bǎo shuō zhè tí kě nán bu zhù wǒ zhè yǒu liǎng zhǒng
酷小宝说：“这题可难不住我。这有两种

qíng kuàng ne rú guǒ kù xiǎo bǎo jiā hé méng xiǎo bèi jiā fēn bié zài xué
情况呢，如果酷小宝家和萌小贝家分别在学

xiào de liǎng cè　rú tú　liǎng jiā de jù lí jiù shì yǔ xué xiào jù
校的两侧（如图），两家的距离就是与学校距

lí de hé　děi yòng jiā fǎ
离的和，得用加法：

mǐ
20＋90＝110（米）

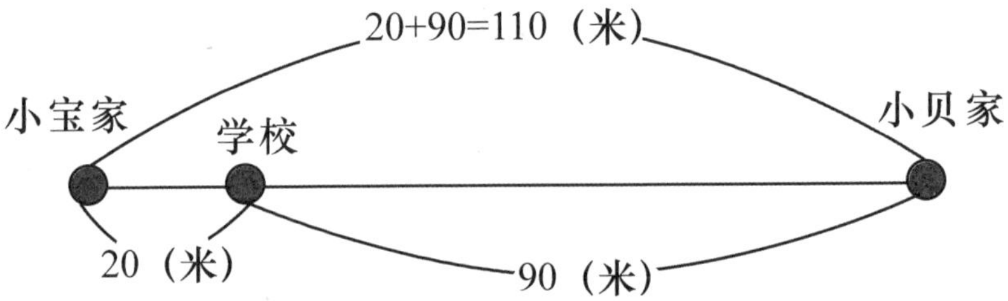

rú guǒ kù xiǎo bǎo jiā hé méng xiǎo bèi jiā dōu zài xué xiào tóng yí
如果酷小宝家和萌小贝家都在学校同一

cè　rú tú　liǎng jiā de jù lí shì yǔ xué xiào jù lí de chā　děi
侧（如图），两家的距离是与学校距离的差，得

yòng jiǎn fǎ
用减法：

mǐ
90－20＝70（米）

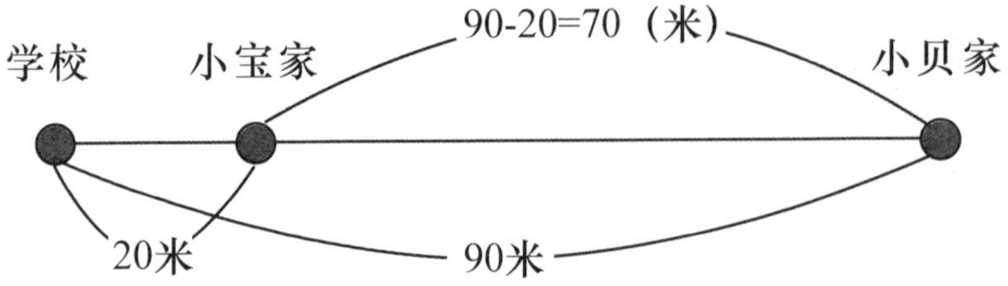

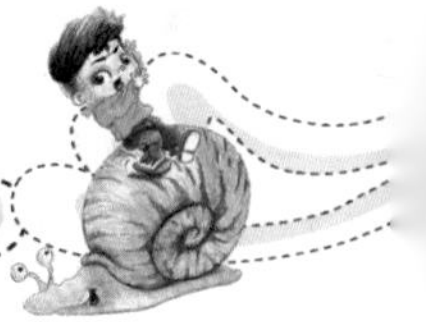

suǒ yǐ kù xiǎo bǎo jiā dào méng xiǎo bèi jiā de jù lí shì
所以酷小宝家到萌小贝家的距离是
mǐ huò zhě mǐ
110米或者70米。

kù xiǎo bǎo de dá àn gāng gāng shuō wán jiù jué de zì jǐ yǎn
酷小宝的答案刚刚说完，就觉得自己眼
jing yì hēi zhǐ shì nà me yì miǎo zhōng kù xiǎo bǎo fā xiàn zì jǐ yǐ
睛一黑，只是那么一秒钟，酷小宝发现自己已
jīng dào le yí gè xīn de huán jìng
经到了一个新的环境。

上个厕所这么难

zhēng kāi shuāng yǎn kù xiǎo bǎo fā xiàn zì jǐ zhàn zài yí piàn
睁开双眼，酷小宝发现自己站在一片
bì lǜ de cǎo dì shang sì chù zhāng wàng méi yǒu rén bù yuǎn chù yǒu
碧绿的草地上，四处张望没有人，不远处有
gè mó gū zào xíng de xiǎo fáng zi shàng miàn xiě zhe kù xiǎo
个蘑菇造型的小房子，上面写着“WC”。酷小
bǎo xiàng kàn dào le bǎo zàng yí yàng fēi bēn guo qu
宝像看到了宝藏一样，飞奔过去。

pǎo dào mó gū cè suǒ qián kù xiǎo bǎo yǒu diǎn jí le yǒu mén
跑到蘑菇厕所前，酷小宝有点急了：有门，
jiù zhǎo bu dào kāi de dì fang
就找不到开的地方。

zhè kě zěn me bàn yào shi niào kù zi le kě jiù bèi méng xiǎo
这可怎么办？要是尿裤子了，可就被萌小
bèi zhuā zhù le bǎ bǐng yǐ hòu wǒ jiù děi tīng tā de mìng lìng chéng
贝抓住了把柄。以后我就得听她的命令，成
wéi tā de nú cái xiǎng dào zhè lǐ kù xiǎo bǎo gǎn jǐn yáo le yáo
为她的奴才。想到这里，酷小宝赶紧摇了摇

tóu shuō bù xíng bù xíng děi gǎn jǐn zhǎo dào mén na
头，说：“不行，不行！得赶紧找到门哪！”

kù xiǎo bǎo qiāo qiao mén mén shang jìng rán chū xiàn le wǔ gè rén
酷小宝敲敲门，门上竟然出现了五个人

de tóu xiàng hé yì háng zì yí zhè bú shì méng xiǎo bèi bà ba
的头像和一行字，咦？这不是萌小贝、爸爸、

mā ma yé ye hé nǎi nai ma
妈妈、爷爷和奶奶吗？

kù xiǎo bǎo gǎn jǐn kàn wén zì méng xiǎo bèi yì jiā yào pāi zhào
酷小宝赶紧看文字：萌小贝一家要拍照，

yāo qiú pāi chu lai de zhào piàn yé ye zuò zài bà ba de yòu bian mā
要求拍出来的照片：爷爷坐在爸爸的右边，妈

ma hé méng xiǎo bèi zhàn zài yé ye de hòu miàn yé ye zuò zài nǎi nai
妈和萌小贝站在爷爷的后面，爷爷坐在奶奶

de zuǒ bian méng xiǎo bèi zhàn zài mā ma de yòu bian qǐng bǎ wǔ gè rén
的左边，萌小贝站在妈妈的右边，请把五个人

bǎi fàng hǎo
摆放好。

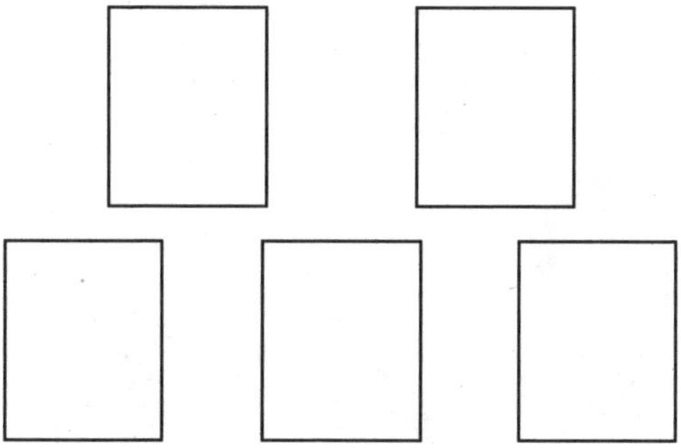

kù xiǎo bǎo yǒu diǎn shēng qi hng píng shén me tā men pāi zhào
酷小宝有点生气：哼！凭什么他们拍照
bú jiào shàng wǒ tài ràng rén shēng qi le bù gěi tā men bǎi fàng
不叫上我？太让人生气了，不给他们摆放！

kě shì kù xiǎo bǎo de dù zi yòu yí zhèn tòng zhè yě bù néng
可是，酷小宝的肚子又一阵痛，这也不能
zài wài miàn niào niào wa nà duō diū rén na kù xiǎo bǎo gǎn jǐn zhuàn
在外面尿尿哇，那多丢人哪！酷小宝赶紧转
dòng dà nǎo méng xiǎo bèi hé mā ma zhàn hòu miàn méng xiǎo bèi zài mā
动大脑：萌小贝和妈妈站后面，萌小贝在妈
ma yòu bian tā bǎ méng xiǎo bèi hé mā ma de zhào piàn xiān bǎi fàng shang
妈右边。他把萌小贝和妈妈的照片先摆放上
qu yé ye zài bà ba yòu bian yé ye zài nǎi nai zuǒ bian yě jiù shì
去。爷爷在爸爸右边，爷爷在奶奶左边，也就是
shuō yé ye zài bà ba yòu bian nǎi nai zài yé ye yòu bian nà me
说：爷爷在爸爸右边，奶奶在爷爷右边。那么，
dì yī pái cóng zuǒ dào yòu yī cì shì bà ba yé ye nǎi nai
第一排从左到右依次是：爸爸、爷爷、奶奶。

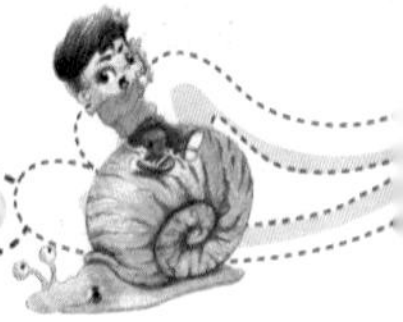

kù xiǎo bǎo bǎ wǔ gè rén de tóu xiàng bǎi fàng hǎo bǎi hǎo de
酷小宝把五个人的头像摆放好，摆好的
tóu xiàng yì shǎn biàn chéng le yì zhāng zhào piàn bà ba yé ye
头像一闪，变成了一张照片：爸爸、爷爷、
nǎi nai zuò zài qián pái mā mā hé méng xiǎo bèi zhàn zài hòu miàn méng
奶奶坐在前排，妈妈和萌小贝站在后面，萌
xiǎo bèi pā zài yé ye nǎi nai zhōng jiān yì shǒu bào zhe yé ye yì
小贝趴在爷爷、奶奶中间，一手抱着爷爷，一
shǒu lǒu zhe nǎi nai mǎn liǎn de xìng fú
手搂着奶奶，满脸的幸福。

kù xiǎo bǎo xiǎng qi lai le zhè shì qù nián shǔ jià shí bà
酷小宝想起来了：这是去年暑假时，爸
ba mā ma dài tā hé méng xiǎo bèi huí xiāng xià yé ye nǎi nai jiā
爸、妈妈带他和萌小贝回乡下爷爷、奶奶家。
běn lái shuō hǎo le pāi zhāng quán jiā fú kě tā tān wán hé táo qì
本来说好了拍张全家福，可他贪玩，和淘气
bāo niú niú tōu tōu pǎo cūn wài xiǎo hé li mō yú dāng shí xiǎo hé li zhǐ
包牛牛偷偷跑村外小河里摸鱼。当时小河里只
shèng xià hěn qiǎn de shuǐ lǐ miàn quán shì sān wǔ lí mǐ cháng de xiǎo
剩下很浅的水，里面全是三五厘米长的小
yú tā men zài hé tān shang wā gè xiǎo kēng rán hòu yòng shǒu yì pěng
鱼。他们在河滩上挖个小坑，然后用手一捧
yì pěng de pěng mǎn shuǐ bǎ mō de xiǎo yú fàng dào xiǎo kēng li hé
一捧的捧满水，把摸的小鱼放到小坑里。河
tān shang wā chū de dōu shì wū ní tā liǎ nòng le yì shēn hēi ní
滩上挖出的都是污泥，他俩弄了一身黑泥
jiāng
浆。

mō le nà me duō yú děi zhǎo gè shén me dōng xi zhuāng huí jiā
摸了那么多鱼，得找个什么东西装回家
cái xíng nga tā men sì chù zhǎo xiǎng zhǎo gè sù liào píng huò sù liào
才行啊。他们四处找，想找个塑料瓶或塑料
dài zhǎo dào xiǎo shù lín li fā xiàn yì zhī cóng cháo li diào xia lai de
袋。找到小树林里，发现一只从巢里掉下来的
xiǎo niǎo kù xiǎo bǎo hé niú niú dōu tè bié xīn téng xiǎo niǎo xiǎng bǎ xiǎo
小鸟，酷小宝和牛牛都特别心疼小鸟，想把小
niǎo sòng hui qu yú shì niú niú bǎ bèi xīn zā dào mǎ kù li bǎ xiǎo
鸟送回去。于是，牛牛把背心扎到马裤里，把小
niǎo fàng dào bèi xīn li fèi le hǎo dà de jìnr bǎ xiǎo niǎo sòng huí
鸟放到背心里，费了好大的劲儿，把小鸟送回
cháo li niú niú de tuǐ dōu bèi shù pí mó pò le yì zhí dào tiān hēi
巢里。牛牛的腿都被树皮磨破了，一直到天黑，
tā men cái huí jiā bèi bà ba mā ma hěn hěn de pī píng le yí dùn
他们才回家，被爸爸、妈妈狠狠地批评了一顿。

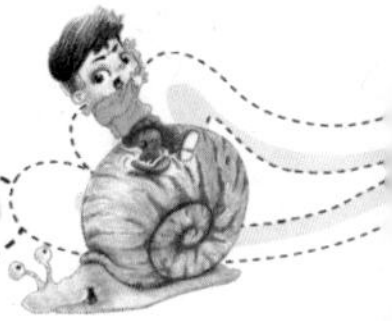

wǎn shang bà ba jiē dào gōng sī diàn huà dāng wǎn jiù kāi chē gǎn huí
晚上，爸爸接到公司电话，当晚就开车赶回

qu le yú shì quán jiā fú quē le kù xiǎo bǎo
去了。于是，全家福缺了酷小宝。

āi yo dù zi hǎo tòng kù xiǎo bǎo tū rán huí guò shén
“哎哟！肚子好痛！”酷小宝突然回过神，

fā xiàn mén yǐ jīng kāi le gǎn jǐn chōng le jìn qù
发现门已经开了，赶紧冲了进去。

天上掉下个萌小贝

kù xiǎo bǎo cóng cè suǒ li chū lái zhāng wàng sì zhōu fā xiàn
酷小宝从厕所里出来，张望四周，发现
qián miàn yǒu liǎng gè xiǎo jīng líng zài zhēng lùn shén me jiù zǒu shàng
前面有两个小精灵在争论什么，就走上
qián qù
前去。

nǐ men liǎ zài zhēng lùn shén me ne kù xiǎo bǎo wèn
“你们俩在争论什么呢？”酷小宝问。

liǎng gè xiǎo jīng líng lì jí tíng zhǐ le zhēng lùn hào qí de dīng
两个小精灵立即停止了争论，好奇地盯
zhe kù xiǎo bǎo wèn qǐng wèn nǐ shì shéi ya
着酷小宝，问：“请问，你是谁呀？”

kù xiǎo bǎo xiào le xiào shuō wǒ jiào kù xiǎo bǎo nǐ men zài
酷小宝笑了笑说：“我叫酷小宝。你们在
tǎo lùn shén me wèn tí ne
讨论什么问题呢？”

liǎng gè xiǎo jīng líng jiàn kù xiǎo bǎo zhè me yǒu hǎo dì gěi kù xiǎo
两个小精灵见酷小宝这么友好，递给酷小
bǎo yì zhāng zhǐ shuō wǒ men zài tǎo lùn zhè ge
宝一张纸，说：“我们在讨论这个。”

kù xiǎo bǎo kàn le yì yǎn xiào le xiào shuō zhè dōu shì chú
酷小宝看了一眼，笑了笑说：“这都是除

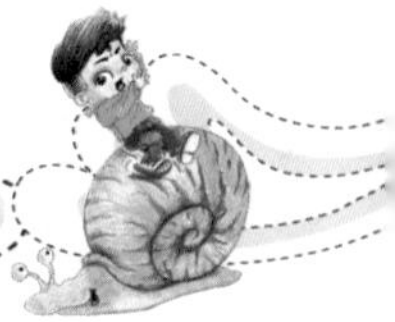

fǎ suàn shì ya dé shù dōu shì wéi yī de yǒu shén me hǎo zhēng
法算式呀。得数都是唯一的，有什么好争

lùn de
论的？”

liǎng gè xiǎo jīng líng zhǎ zha yǎn duì shì yì yǎn shuō kàn lái
两个小精灵眨眨眼，对视一眼，说：“看来

nǐ hěn dǒng shù xué ya
你很懂数学呀。”

kù xiǎo bǎo qiān xū de shuō dǒng yì diǎn
酷小宝谦虚地说：“懂一点。”

liǎng gè xiǎo jīng líng wèn wǒ men jiù bù míng bai le wèi shén
两个小精灵问：“我们就不明白了，为什

me zhè me duō bù tóng de suàn shì dé shù dōu xiāng děng ne wèi shén me
么这么多不同的算式得数都相等呢？为什么

dōu shì ne
都是0呢？”

kù xiǎo bǎo
酷小宝

xiào le xiào shuō
笑了笑说：“

yīn wèi tā men de
因为它们的

bèi chú shù dōu shì
被除数都是

chú yǐ rèn hé
0，0除以任何

shù dōu dé
数都得0。”

kù xiǎo bǎo zhǐ zhe zhǐ shang de suàn shì shuō nǐ men kàn
酷小宝指着纸上的算式，说："你们看，

hái shi děng yú
0÷2=0，0÷5=0，0÷9=0，0÷100还是等于0。"

liǎng gè xiǎo jīng líng tóng shí wèn wèi shén me bèi chú shù shì
两个小精灵同时问："为什么被除数是0，

shāng dōu děng yú ne
商都等于0呢？"

kù xiǎo bǎo zuò dào cǎo dì shang jǔ qǐ shǒu wèn xiàn zài wǒ
酷小宝坐到草地上，举起手问："现在，我

shǒu li yǒu jǐ kuài táng
手里有几块糖？"

liǎng gè xiǎo jīng líng yáo yao tóu shuō yí gè yě méi
两个小精灵摇摇头，说："一个也没

yǒu wa
有哇。"

kù xiǎo bǎo diǎn dian tóu shuō duì yí gè yě méi yǒu jiù
酷小宝点点头，说："对！一个也没有，就

shì gè xiàn zài wǒ bǎ gè táng fēn gěi nǐ men liǎ nǐ men yí
是0个。现在，我把0个糖分给你们俩，你们一

gè rén fēn dào jǐ gè
个人分到几个？"

liǎng gè xiǎo jīng líng yáo yao tóu shuō dāng rán yí gè yě fēn
两个小精灵摇摇头，说："当然一个也分

bu dào
不到。"

kù xiǎo bǎo hā hā xiào duì la bǎ píng jūn fēn chéng fèn
酷小宝哈哈笑："对啦！把0平均分成2份，

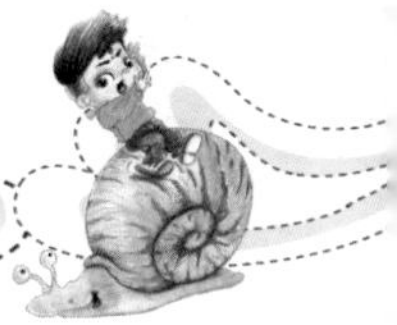

měi fèn gè rú guǒ gè táng fēn gěi sān gè rén yí gè
每份0个，0÷2=0。如果0个糖分给三个人，一个
rén jǐ kuài ne
人几块呢？”

liǎng gè xiǎo jīng líng shuō hái shi kuài
两个小精灵说：“还是0块，0÷3=0。”

kù xiǎo bǎo wēi xiào zhe shuō shì ya wú lùn bǎ píng jūn fēn
酷小宝微笑着说：“是呀！无论把0平均分
chéng jǐ fèn měi fèn dōu shì suǒ yǐ chú yǐ rèn hé shù dōu
成几份，每份都是0。所以，0除以任何数，都
dé
得0。”

xiǎo jīng líng wāi tóu xiǎng le xiǎng shuō wǒ men míng bai le
小精灵歪头想了想，说：“我们明白了。
nà me chú yǐ yě děng yú ba
那么0除以0也等于0吧？”

kù xiǎo bǎo yáo yao tóu shuō nà kě bù xíng bù néng zuò
酷小宝摇摇头说：“那可不行，0不能做
chú shù
除数。”

xiǎo jīng líng chī jīng de zhāng dà le zuǐ ba ǎ wǒ men yì
小精灵吃惊地张大了嘴巴：“啊？我们一
zhí yǐ wéi ne wèi shén me bù néng zuò chú shù ne
直以为0÷0=0呢！为什么不能做除数呢？”

kù xiǎo bǎo wēi xiào zhe shuō nǐ men xiǎng xiang kàn bèi chú shù
酷小宝微笑着说：“你们想想看，被除数
děng yú shén me ne
等于什么呢？”

xiǎo jīng líng qiǎng zhe huí dá bèi chú shù shāng chú shù
小精灵抢着回答:“被除数=商×除数!”

kù xiǎo bǎo shuō duì ya nà nǐ men xiǎng xiang gāi
酷小宝说:“对呀。那你们想想:8÷0该

děng yú jǐ yě jiù shì shuō nǐ děi xiǎng xiang jǐ chéng děng
等于几?也就是说,你得想想几乘0等

yú
于8?”

liǎng gè xiǎo jīng líng yáo yao tóu shuō jǐ chéng dōu bù děng yú
两个小精灵摇摇头说:“几乘0都不等于

yīn wèi chéng rèn hé shù dōu dé
8,因为0乘任何数都得0。”

kù xiǎo bǎo shuō duì suǒ yǐ zhè dào suàn shì shì méi
酷小宝说:“对,所以,8÷0这道算式是没

yǒu shāng de jì rán méi yǒu shāng wǒ men hái suàn tā gān shén me
有商的。既然没有商,我们还算它干什么?

nǐ men zài xiǎng xiang děng yú jǐ yě jiù shì shuō jǐ chéng
你们再想想:0÷0等于几?也就是说:几乘0

děng yú
等于0?”

liǎng gè xiǎo jīng líng shuō hé rèn hé shù xiāng chéng dōu dé
两个小精灵说:“0和任何数相乘都得0

a chéng děng yú chéng děng yú chéng děng yú
啊!0乘5等于0,0乘10等于0,0乘100等于

chéng yě shì děng yú
0,0乘0也是等于0!”

kù xiǎo bǎo diǎn dian tóu shuō duì ya hé rèn hé shù xiāng
酷小宝点点头说:“对呀!0和任何数相

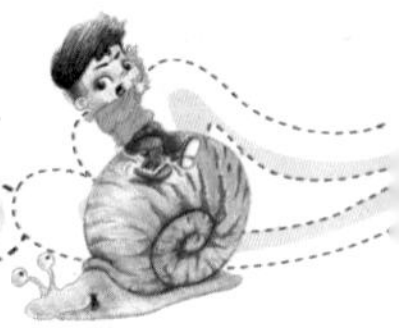

乘都得0，所以，0÷0的商有无数个。0÷0可以等于5，也可以等于10，还可以等于100，等于0也不错……”

两个小精灵笑着说：“我们明白了，有无数个商，也就是说商不确定。既然谁都可以做它的商，所以，也没有意义。”

酷小宝竖起大拇指，说：“真棒！因为0做除数的话，要么没有商，要么商不确定，所以，0做除数没有意义。”

两个小精灵笑笑说：“谢谢你！酷小宝。”说完，扑扑翅膀飞走了。

“喂喂喂！”酷小宝想喊住他们，他现在又渴又饿，想打听打听哪里有吃的，可是，两个小精灵已经飞远了。

yě bù zhī dào méng xiǎo bèi zài nǎ lǐ kù xiǎo bǎo jiù tǎng zài
也不知道萌小贝在哪里，酷小宝就躺在
ruǎn mián mián de cǎo dì shang kàn tiān shàng yún jù yún sàn
软绵绵的草地上看天上云聚云散。

jù sàn de yún duǒ biàn huàn zhe gè zhǒng zào xíng yòu jī yòu kě
聚散的云朵变幻着各种造型，又饥又渴
de kù xiǎo bǎo kàn zhe měi duǒ yún dōu xiàng chī de zhè duǒ xiàng hàn bǎo
的酷小宝看着每朵云都像吃的。这朵像汉堡，
nà duǒ xiàng kǎo yā lìng yì duǒ yòu xiàng yì bēi guǒ zhī
那朵像烤鸭，另一朵又像一杯果汁……

yì duǒ yún cóng tiān shàng diào xia lai nà duǒ wǎng xià diào de
一朵云从天上掉下来，那朵往下掉的
yún zěn me nà me xiàng méng xiǎo bèi ne
云，怎么那么像萌小贝呢？

kù xiǎo bǎo gǎn jǐn róu rou yǎn jing zuò qi lai fā xiàn méng xiǎo
酷小宝赶紧揉揉眼睛坐起来，发现萌小
bèi yǐ jīng zhàn zài yǎn qián le
贝已经站在眼前了。

kù xiǎo bǎo jīng yà de wèn nǐ zěn me cóng tiān shàng diào xia
酷小宝惊讶地问：“你怎么从天上掉下
lai le ya
来了呀？”

méng xiǎo bèi cháng xū yì kǒu qì shuō āi ya zhōng yú huí
萌小贝长吁一口气，说：“哎呀！终于回
lái le
来了！”

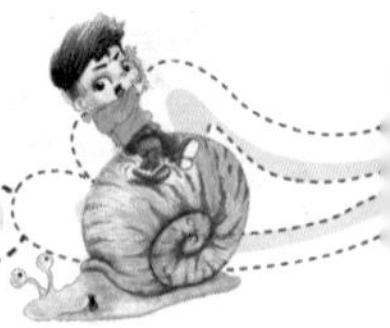

爱数学的妖精

méng xiǎo bèi bǎ zì jǐ biàn chéng měi rén yú gōng zhǔ rán hòu zài
萌小贝把自己变成美人鱼公主，然后在
shēn hǎi yù dào lǎo hǎi guī bāng zhù huī gū niang xì nòng zhū bā jiè
深海遇到老海龟，帮助灰姑娘，戏弄猪八戒
de shì dà gài shuō le yí biàn
的事大概说了一遍。

kù xiǎo bǎo tīng le xiàn mù jí le shuō nǐ de jīng lì zhēn
酷小宝听了羡慕极了，说：“你的经历真
jīng cǎi ya wǒ jiù zài fēi chuán li shuì le yí jiào nǐ yòu shì zěn me
精彩呀！我就在飞船里睡了一觉。你又是怎么
cóng tiān shàng diào xia lai le ne
从天上掉下来了呢？”

méng xiǎo bèi shuō yù dào le yí gè ài shù xué de yāo jing
萌小贝说：“遇到了一个爱数学的妖精。”
kù xiǎo bǎo yì tīng lì jí lái le jīng shen bú è le yě bù kě le
酷小宝一听，立即来了精神，不饿了也不渴了，
wèn ài shù xué de yāo jing kuài gěi wǒ jiǎng jiang zěn me huí shì
问：“爱数学的妖精？快给我讲讲怎么回事！”

yú shì méng xiǎo bèi jiù gěi kù xiǎo bǎo jiǎng qǐ tā yǔ ài shù
于是萌小贝就给酷小宝讲起她与“爱数
xué de yāo jing zhī jiān de shì qing
学的妖精”之间的事情。

xià miàn ràng wǒ men bǎ méng xiǎo bèi yǔ ài shù xué de yāo jing de qí yù zài huí fàng yí biàn

下面，让我们把萌小贝与“爱数学的妖精”的奇遇再回放一遍。

méng xiǎo bèi yǔ táng sēng shā sēng bā jiè chī le táo zi hòu táng sēng qí shàng bái lóng mǎ bā jiè qiān zhe mǎ shā sēng tiāo zhe dàn zi jiù jì xù shàng lù le tā men yuè zǒu shān lù yuè zhǎi yuè zǒu yuè nán zǒu

萌小贝与唐僧、沙僧、八戒吃了桃子后，唐僧骑上白龙马，八戒牵着马，沙僧挑着担子，就继续上路了。他们越走山路越窄，越走越难走。

bā jiè lèi de yí pì gǔ zuò dì shang shuō lèi sǐ le zhè huāng shān yě lǐng de bù zhī dào zhù zhe duō shao yāo guài ne wǒ kàn zan men hái shi guǎi hui qu dé le

八戒累得一屁股坐地上，说：“累死了！这荒山野岭的，不知道住着多少妖怪呢！我看，咱们还是拐回去得了！”

méng xiǎo bèi shuō zhè yàng ba nǐ men xiān zuò xia lai xiū xi wǒ qù qián miàn tàn tan lù

萌小贝说：“这样吧，你们先坐下来休息，我去前面探探路。”

méng xiǎo bèi yí gè jīn dǒu yún fēi dào shàng kōng fā xiàn qián miàn què shí bù hǎo zǒu shéi zhī děng huí lái hòu fā xiàn táng sēng bā jiè hé shā sēng yǐ jīng bèi yāo jing gěi lǔ zǒu le

萌小贝一个筋斗云飞到上空，发现前面确实不好走。谁知等回来后，发现唐僧、八戒和沙僧已经被妖精给掳走了。

méng xiǎo bèi jiào le dāng dì de shān shén shān shén gào su tā
萌小贝叫了当地的山神，山神告诉她：
zhè lǐ jiào shù xué shān yǒu gè shù xué dòng dòng nèi zhù zhe gè
“这里叫数学山，有个数学洞，洞内住着个
ài shù xué de yāo jing nǐ shī fu jiù shì bèi nà yāo jing gěi lǔ
爱数学的妖精。你师傅，就是被那妖精给掳
zǒu le
走了。”

méng xiǎo bèi jià yún dào le shù xué dòng duì zhe dòng mén jiù shì
萌小贝驾云到了数学洞，对着洞门就是
yí bàng hǎn dào yāo jing kuài kuài fàng le wǒ shī fu hé shī dì
一棒，喊道：“妖精！快快放了我师傅和师弟，
fǒu zé wǒ bǎ nǐ de shān dòng zá gè xī bā làn
否则，我把你的山洞砸个稀巴烂！”

cóng dòng mén piāo chū yì duǒ fěn sè yún fěn sè yún shang zuò zhe
从洞门飘出一朵粉色云，粉色云上坐着
yí gè bā jiǔ suì
一个八九岁
de xiǎo gū niang
的小姑娘，
shū zhe liǎng tiáo piào
梳着两条漂
liang de má huā biàn
亮的麻花辫
zi duì méng xiǎo
子，对萌小
bèi lěng xiào yì
贝冷笑一

shēng shuō xiǎng yào wǒ fàng rén róng yì zhǐ yào nǐ néng shèng dé
声，说：“想要我放人容易，只要你能胜得

liǎo wǒ
了我！”

méng xiǎo bèi yí kàn yuán lái ài shù xué de yāo jing zhǐ shì gè
萌小贝一看，原来爱数学的妖精只是个

xiǎo gū niang huǒ qì xiāo le shuō hǎo wa nǐ shuō ba zěn me
小姑娘，火气消了，说：“好哇！你说吧，怎么

gè bǐ fǎ
个比法？”

ài shù xué de yāo jing tián tián de xiào le shuō dāng rán bǐ
爱数学的妖精甜甜地笑了，说：“当然比

shù xué le shuō zhe dǎ le yí gè xiǎng zhǐ lì jí cóng dòng nèi
数学了。”说着，打了一个响指，立即从洞内

chōng chu lai hěn duō xiǎo yāo jing
冲出来很多小妖精。

ài shù xué de yāo jing shuō nǐ lái shǔ shu kàn wǒ zhè dòng
爱数学的妖精说：“你来数数看，我这洞

nèi de xiǎo yāo jing yǒu duō shao gè xiàn nǐ fēn zhōng nèi shuō chū
内的小妖精有多少个，限你1分钟内说出

dá àn
答案。”

méng xiǎo bèi jiàn xiǎo yāo jing men pái liè fēi cháng zhěng qí lì
萌小贝见小妖精们排列非常整齐，立

jí jiù yǒu le dá àn shuō yí gòng yǒu gè xiǎo yāo jing
即就有了答案，说：“一共有800个小妖精！”

ài shù xué de yāo jing yì tīng zhè me kuài jiù yǒu le dá àn
爱数学的妖精一听这么快就有了答案，

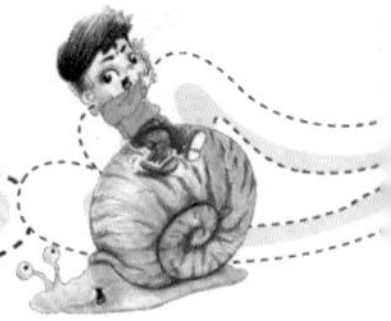

wèn nǐ zěn me shǔ de zhè me kuài ne
问："你怎么数得这么快呢？"

méng xiǎo bèi zì háo de shuō nǎ lǐ xū yào shǔ ne zhè shì
萌小贝自豪地说："哪里需要数呢？这是

diǎn xíng de lián chéng yìng yòng tí ya nǐ de xiǎo yāo jing men yí gòng pái
典型的连乘应用题呀。你的小妖精们一共排

le gè fāng zhèn měi gè fāng zhèn pái měi pái rén suǒ yǐ
了8个方阵，每个方阵10排，每排10人，所以，

yí gòng yǒu gè
一共有10×10×8=800（个）。"

ài shù xué de yāo jing tīng le méng xiǎo bèi de jiě shì shuō
爱数学的妖精听了萌小贝的解释，说：

yǒu dào lǐ méi xiǎng dào nǐ de shù xué zhè me hǎo wa
"有道理！没想到你的数学这么好哇！"

méng xiǎo bèi xiào xī xī de shuō xià miàn wǒ lái gěi nǐ chū dào
萌小贝笑嘻嘻地说："下面我来给你出道

tí wǒ mǎi le liǎng hé qiǎo kè lì měi hé yǒu kuài měi kuài qiǎo kè
题。我买了两盒巧克力，每盒有8块，每块巧克

lì yuán qián qǐng nǐ suàn suan wǒ yí gòng huā le duō shao qián
力9元钱。请你算算，我一共花了多少钱？"

ài shù xué de yāo jing wāi tóu xiǎng le xiǎng shuō měi
爱数学的妖精歪头想了想，说："每……

měi nǐ zhè dào tí gēn wǒ gāng cái de tí li dōu yǒu liǎng gè
每……，你这道题跟我刚才的题里都有两个

měi zì yào xiǎng qiú yí gòng duō shao qián kě yǐ xiān qiú yì hé
'每'字，要想求一共多少钱，可以先求一盒

duō shao qián zài chéng jiù shì liǎng hé de zǒng jià suǒ yǐ
多少钱，再乘2就是两盒的总价，所以9×8×

2＝144（元）钱。”

萌小贝点点头说：“真是个聪明的妖精！还有其他求法吗？”

爱数学的妖精摇摇头，向萌小贝抱拳，说：“请您赐教！”

萌小贝见妖精这么有礼貌，倒有点喜欢她了，毕竟是同龄的女孩子。萌小贝耐心地讲解：“刚刚你是先求了一盒的价钱，其实，也可以先求一共买了多少块。一盒8块，两盒就是两个8块，然后再用每块的单价乘块数。列式是：9×（8×2）＝144（元）。”

爱数学的妖精听完萌小贝的解释，问：“那么，刚刚我给你出的题，也可以先求一共有几排，对吗？”

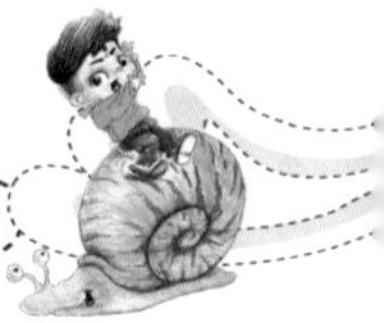

méng xiǎo bèi diǎn dian tóu shuō bàng jí le
萌小贝点点头，说："棒极了！"

ài shù xué de yāo jing duì méng xiǎo bèi jū gè gōng shuō gāng gāng xiǎo yún duō yǒu dé zuì qǐng suí wǒ jìn dòng wǒ yào hǎo hǎo zhāo dài nǐ men shī tú
爱数学的妖精对萌小贝鞠个躬，说："刚刚小云多有得罪，请随我进洞。我要好好招待你们师徒。"

甜甜的云朵糖

méng xiǎo bèi tīng ài shù xué de yāo jing zì chēng xiǎo yún
萌小贝听爱数学的妖精自称“小云”，
shuō ò yuán lái nǐ jiào xiǎo yún ya guài bu de zuò zài yì duǒ yún
说：“哦！原来你叫小云呀，怪不得坐在一朵云
shang ne
上呢。”

méng xiǎo bèi suí xiǎo yún zǒu jìn shù xué dòng jiàn táng sēng tā men
萌小贝随小云走进数学洞，见唐僧他们
sān rén tǎng zài róu ruǎn de tǎng yǐ shang bì mù yǎng shén hái yǒu jǐ gè
三人躺在柔软的躺椅上闭目养神，还有几个
xiǎo yāo gěi sān rén chuí bèi róu jiān ne
小妖给三人捶背揉肩呢。

xiǎo yún shuō sūn dà shèng wǒ bìng wú è yì zhǐ shì tīng
小云说：“孙大圣，我并无恶意，只是听
shuō nǐ shù xué lì hai suǒ yǐ
说你数学厉害，所以……”

méng xiǎo bèi dà dù de shuō méi guān xi de xiàn zài qǐng
萌小贝大度地说：“没关系的！现在，请
nǐ sòng wǒ men shī tú lí kāi ba
你送我们师徒离开吧！”

xiǎo yún shuō míng tiān wǒ jiù sòng nǐ men shàng lù
小云说：“明天我就送你们上路。”

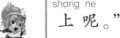

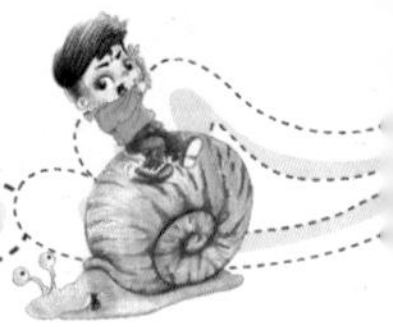

méng xiǎo bèi xiǎng shàng lù zhè huà zěn me zhè me biè niǔ ne
萌小贝想：上路？这话怎么这么别扭呢？
nán dào shì xiǎng jiā hài wǒ men wèn wèi shén me yào děng dào míng
难道是想加害我们？问：“为什么要等到明
tiān jīn tiān jiù fàng wǒ men zǒu ba
天，今天就放我们走吧！”

xiǎo yún wēi xiào zhe shuō nín kě néng wù huì le xiǎo yún shì
小云微笑着说：“您可能误会了。小云是
xiǎng xiàng nín qǐng jiào xiē shù xué wèn tí
想向您请教些数学问题。”

méng xiǎo bèi xīn xiǎng ò yuán lái shì xiǎng gēn zhe wǒ xué shù
萌小贝心想：哦，原来是想跟着我学数
xué ya kě shì wǒ shén me shí hou cái néng huí qù ne wǒ děi zhǎo
学呀。可是，我什么时候才能回去呢？我得找
kù xiǎo bǎo wa nán dào hái zhēn děi suí táng sēng qù xī tiān qǔ jīng nga
酷小宝哇？难道还真得随唐僧去西天取经啊？

xiǎo yún xiàng shì kàn tòu le méng xiǎo bèi de xīn si shuō nín
小云像是看透了萌小贝的心思，说：“您
fàng xīn nín xiǎng qù nǎ lǐ míng tiān yì zǎo wǒ jiù sòng nín qù nǎ lǐ
放心。您想去哪里，明天一早我就送您去哪里。”

méng xiǎo bèi xiǎng nán dào xiǎo yún zhī dào wǒ de zhēn shí shēn
萌小贝想：“难道？小云知道我的真实身
fèn duì le hā hā tā yí dìng yě shì shù xué wū pó ān pái de
份？对了！哈哈，她一定也是数学巫婆安排的。”

méng xiǎo bèi xiǎng wèn xiǎo yún shì fǒu rèn shi shù xué wū pó gāng
萌小贝想问小云是否认识数学巫婆，刚
yào zhāng kǒu xiǎo yún bǎi bai shǒu shuō sūn dà shèng qǐng wèn shù
要张口，小云摆摆手，说：“孙大圣，请问数

xué zhōng yǒu lián chéng yìng yòng tí shì fǒu yě yǒu lián chú yìng yòng tí
学中有连乘应用题，是否也有连除应用题

ne
呢？”

méng xiǎo bèi yì tīng shù xué wèn tí lì jí lái le jīng shen gěi
萌小贝一听数学问题，立即来了精神，给

xiǎo yún jiǎng qi lai dāng rán yǒu le jǔ gè lì zi bǐ rú rú
小云讲起来：“当然有了。举个例子：比如，如

guǒ nǐ de xiǎo yāo yào pái chéng gè zhèn liè měi gè zhèn liè
果你的800小妖要排成8个阵列，每个阵列

pái qiú měi pái yǒu jǐ gè xiǎo yāo jiù shì lián chú yìng yòng tí
10排，求每排有几个小妖？就是连除应用题，

liè shì shì gè
列式是：800÷8÷10=10（个）。”

xiǎo yún diǎn dian tóu wèn nà nǐ mǎi de qiǎo kè lì yě kě
小云点点头，问：“那你买的巧克力，也可

yǐ gǎi chéng yí dào lián chú yìng yòng tí ba
以改成一道连除应用题吧？”

méng xiǎo bèi shù qǐ dà mǔ zhǐ shuō duì wǒ mǎi le hé
萌小贝竖起大拇指，说：“对！我买了2盒

qiǎo kè lì yí gòng huā le yuán yì hé qiǎo kè lì yǒu kuài
巧克力，一共花了144元，一盒巧克力有8块，

měi kuài qiǎo kè lì duō shao qián zhè jiù shì lián chú yìng yòng tí yào xiǎng
每块巧克力多少钱？这就是连除应用题。要想

qiú yí kuài qiǎo kè lì duō shao qián xiān qiú chū měi hé duō shao qián
求一块巧克力多少钱，先求出每盒多少钱。”

xiǎo yún wèn ò wǒ zhī dào le
小云问：“哦！我知道了，144÷2÷8=

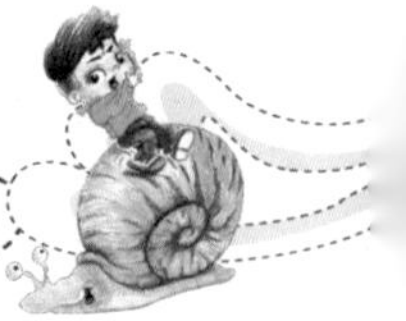

yuán　měi kuài qiǎo kè lì　yuán qián
9(元),每块巧克力9元钱。"

méng xiǎo bèi chòng xiǎo yún tiáo pí de yí xiào　shuō　wán quán
萌小贝冲小云调皮地一笑,说:"完全

zhèng què
正确!"

xiǎo yún shuō　rèn shi nǐ zhēn shi hěn kāi xīn
小云说:"认识你真是很开心!"

xiǎo yún shuō zhe　cóng shēn shang tāo chū yí gè yún duǒ zào xíng de
小云说着,从身上掏出一个云朵造型的

píng zi　cóng lǐ miàn dào chū yí gè yún duǒ zào xíng de xiǎo táng wán　dì
瓶子,从里面倒出一个云朵造型的小糖丸,递

gěi méng xiǎo bèi shuō　sòng gěi nǐ yì lì yún duǒ táng
给萌小贝说:"送给你一粒云朵糖。"

méng xiǎo bèi jiē guò yún duǒ táng　xīn lǐ àn xiǎng　yún duǒ táng
萌小贝接过云朵糖,心里暗想:云朵糖?

bú huì shì dú yào ba　dú sǐ wǒ zài chī táng sēng ròu
不会是毒药吧?毒死我再吃唐僧肉?

dàn shì　méng xiǎo bèi kàn kan xiǎo yún　yě bú xiàng huài rén　kāi
但是,萌小贝看看小云,也不像坏人,开

wán xiào de shuō　yún duǒ táng hěn tián ma　wèi shén me nǐ zhǐ gěi wǒ
玩笑地说:"云朵糖很甜吗?为什么你只给我

yí lì　zhè me xiǎo qì ya
一粒?这么小气呀?"

xiǎo yún　pū chī　yì shēng xiào le　shuō　zhè gēn pǔ tōng de
小云"扑哧"一声笑了,说:"这跟普通的

táng guǒ bù tóng　chī le tā　nǐ jiù néng jiàn dào nǐ xiǎng jiàn de rén le
糖果不同,吃了它,你就能见到你想见的人了。"

méng xiǎo bèi chī jīng de kàn zhe xiǎo yún wǒ xiǎng jiàn de rén
萌小贝吃惊地看着小云："我想见的人？"

xiǎo yún wēi xiào zhe diǎn dian tóu shuō lì jí jiù kě yǐ de
小云微笑着点点头，说："立即就可以的！"

méng xiǎo bèi xiǎng zhè yí dìng shì shù xué wū pó ān pái de bú huì yǒu wēi xiǎn chī le jiù néng jiàn dào kù xiǎo bǎo le ň chī le tā
萌小贝想：这一定是数学巫婆安排的，不会有危险，吃了就能见到酷小宝了。嗯！吃了它。

méng xiǎo bèi bǎ yún duǒ táng fàng dào zuǐ li tián tián de yún duǒ táng róng huà méng xiǎo bèi jué de shēn tǐ qīng yíng qi lai màn màn piāo chū shù xué dòng rán hòu jiù piāo dào le kù xiǎo bǎo shēn biān
萌小贝把云朵糖放到嘴里，甜甜的云朵糖融化，萌小贝觉得身体轻盈起来，慢慢飘出数学洞，然后，就飘到了酷小宝身边。

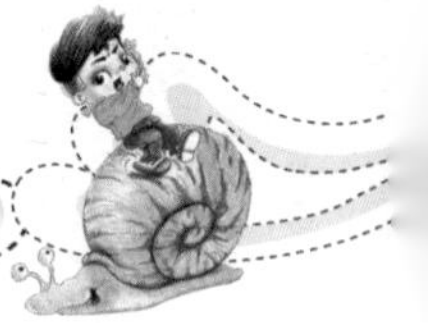

神奇的美食树

tīng méng xiǎo bèi jiǎng wán kù xiǎo bǎo yàn le xià kǒu shuǐ shuō
听萌小贝讲完，酷小宝咽了下口水，说：

nǐ yòu shì chī xī guā yòu shì chī táo zi hái chī nà me shén qí de
“你又是吃西瓜，又是吃桃子，还吃那么神奇的

yún duǒ táng wǒ dōu kuài è sǐ le
云朵糖，我都快饿死了。”

méng xiǎo bèi tiáo pí de xiào le shuō wǒ chī nà xiē dōng xi
萌小贝调皮地笑了，说：“我吃那些东西

bù guǎn yòng xiàn zài yě è zhe ne bié jí kàn kan zhōu wéi yǒu méi
不管用，现在也饿着呢。别急，看看周围有没

yǒu chī de
有吃的？”

kù xiǎo bǎo sì chù zhāng wàng le yí xià fā xiàn yuǎn chù piāo lái
酷小宝四处张望了一下，发现远处飘来

yí gè hóng sè de qì qiú
一个红色的气球。

qì qiú hěn kuài piāo dào le tā men shēn biān kù xiǎo bǎo shēn shǒu
气球很快飘到了他们身边，酷小宝伸手

zhuō zhù qì qiú qì qiú shang xiě zhe měi shí shù
捉住气球，气球上写着：“美食树”。

kù xiǎo bǎo hǎn méng xiǎo bèi kuài lái kàn kan měi shí shù shì
酷小宝喊萌小贝：“快来看看，美食树！是

bu shì jié mǎn měi shí de shù měi shí shù huì zhǎng zài shén me dì
不是结满美食的树？美食树会长在什么地

fang wǒ men kuài qù zhǎo ba
方？我们快去找吧！”

méng xiǎo bèi jiē guò qì qiú kàn dào měi shí shù sān gè zì jiàn
萌小贝接过气球，看到美食树三个字渐

jiàn xiāo shī biàn chéng le liǎng dào shù xué tí
渐消失，变成了两道数学题：

dì yī tí yì zhī māo chī yì tiáo yú yào fēn zhōng zhī māo
第一题：一只猫吃一条鱼要3分钟，3只猫

tóng shí chī tiáo yú yào jǐ fēn zhōng
同时吃3条鱼要几分钟？

dì èr tí méng xiǎo bèi chàng wán yì shǒu měi shí yáo yào fēn zhōng méng xiǎo bèi hé bān li wèi tóng xué cān jiā hé chàng chàng wán yì shǒu měi shí yáo yí gòng yào jǐ fēn zhōng
第二题：萌小贝唱完一首《美食谣》要5分钟，萌小贝和班里50位同学参加合唱，唱完一首《美食谣》一共要几分钟？

méng xiǎo bèi hǎn kù
萌小贝喊酷

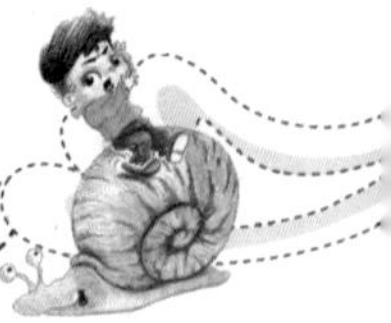

xiǎo bǎo yì qǐ kàn tí shuō yě xǔ jiě dá le zhè liǎng dào tí jiù
小宝一起看题，说：“也许解答了这两道题就

néng zhǎo dào měi shí shù le
能找到美食树了。”

kù xiǎo bǎo jīng xǐ de shuō ò nà zán men kě děi rèn zhēn
酷小宝惊喜地说：“哦，那咱们可得认真

diǎn o qiān wàn bié cū xīn
点哦，千万别粗心！”

méng xiǎo bèi hā hā xiào kàn nǐ kǒu shuǐ dōu liú chu
萌小贝哈哈笑：“看你，口水都流出

lai le
来了！”

kù xiǎo bǎo kàn kan dì yī tí shuō xiǎng dào yú wǒ jiù liú
酷小宝看看第一题，说：“想到鱼我就流

kǒu shuǐ dì yī tí wǒ lái dá ba yì zhī māo chī yì tiáo yú yào fēn
口水，第一题我来答吧，一只猫吃一条鱼要3分

zhōng zhī māo tóng shí chī tiáo yú yě jiù shì shuō tā men gè chī
钟，3只猫同时吃3条鱼，也就是说，它们各吃

gè de měi zhī māo chī yì tiáo yú dāng rán hái shi xū yào fēn zhōng
各的，每只猫吃一条鱼，当然还是需要3分钟

le
了。”

méng xiǎo bèi diǎn dian tóu duì le xià miàn wǒ lái dá dì èr
萌小贝点点头：“对了！下面我来答第二

tí wǒ chàng yì shǒu měi shí yáo yào fēn zhōng wǒ men quán
题。我唱一首《美食谣》要5分钟，我们全

bān gè tóng xué hé chàng měi shí yáo dāng rán hái shi fēn
班50个同学合唱《美食谣》，当然还是5分

zhōng le
钟了。”

méng xiǎo bèi gāng gāng shuō wán méng xiǎo bèi shǒu li de qì qiú
萌小贝刚刚说完，萌小贝手里的气球

pēng de yì shēng biàn chéng yì lì zhǒng zi luò dào cǎo dì
“嘭”的一声，变成一粒种子，落到草地

shang xiāo shī le hěn kuài dì shang zhǎng chū yí gè xiǎo miáo zhǐ
上，消失了。很快，地上长出一个小苗，只

yì xiǎo huìr gōng fu xiǎo miáo jiù zhǎng chéng le yì kē dà shù dà
一小会儿功夫，小苗就长成了一棵大树。大

shù shùn jiān yòu kāi chū gè zhǒng piào liang de huār rán hòu zhǐ jǐ
树瞬间又开出各种漂亮的花儿，然后，只几

miǎo zhōng huār jiù zhǎng chéng le yí gè gè dà lǜ qiú
秒钟，花儿就长成了一个个大绿球。

kù xiǎo bǎo hé méng xiǎo bèi wéi zhe dà shù zhuàn le gè quān yí
酷小宝和萌小贝围着大树转了个圈，疑

huò de dīng zhe shù shang de lǜ qiú guǒ zi měi gè guǒ zi shang dōu yǒu
惑地盯着树上的绿球果子。每个果子上都有

zì miàn bāo táng cù yú hóng shāo ròu dà mǐ fàn
字：面包、糖醋鱼、红烧肉、大米饭……

āi yō zhè shù tài shén qí le kù xiǎo bǎo hé méng xiǎo bèi
“哎哟，这树太神奇了！”酷小宝和萌小贝

jīng xǐ de jiān jiào zhe kù xiǎo bǎo shuō wǒ yào chī hóng shāo ròu
惊喜地尖叫着，酷小宝说：“我要吃红烧肉！”

gāng gāng shuō wán xiě zhe hóng shāo ròu de lǜ guǒ cóng shù shang diào xia
刚刚说完，写着红烧肉的绿果从树上掉下

lai là zài le kù xiǎo bǎo shǒu li lǜ guǒ pí zì dòng dǎ kāi yì
来，落在了酷小宝手里，绿果皮自动打开，一

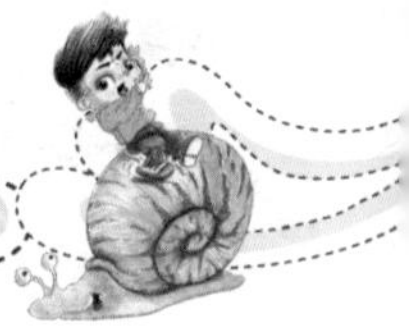

pán rè téng téng de hóng shāo ròu chū xiàn zài kù xiǎo bǎo yǎn qián pán zi
盘热腾腾的红烧肉出现在酷小宝眼前，盘子

shang jìng rán hái yǒu yì shuāng kuài zi
上竟然还有一双筷子。

jiē zhe tā men yòu yào le táng cù yú shāo qié zi zǐ shǔ méi
接着他们又要了糖醋鱼、烧茄子、紫薯玫

guī gāo dà mǐ fàn chún chéng zhī píng guǒ zhī
瑰糕、大米饭、纯橙汁、苹果汁……

gè zhǒng měi shí yào le yí dà duī zuì hòu liǎng gè rén zuò zài
各种美食要了一大堆，最后，两个人坐在

róu ruǎn de cǎo dì shang chī de dù zi kuài chēng pò le yě méi chī
柔软的草地上，吃得肚子快撑破了也没吃

wán kù xiǎo bǎo hé méng xiǎo bèi yì zhàn qi lai nà xiē méi chī
完。酷小宝和萌小贝一站起来，那些没吃

wán de shí wù biàn chéng yí gè gè xiǎo xiǎo de lǜ qiú fēi dào le
完的食物变成一个个小小的绿球，飞到了

měi shí shù shang měi shí shù shǎn le shǎn biàn chéng le yuán lái de qì
美食树上。美食树闪了闪，变成了原来的气

qiú fēi yuǎn le
球，飞远了。

一只熊的难题

chī bǎo le měi shí hē zú le kù xiǎo bǎo hé méng xiǎo bèi tǎng
吃饱了美食，喝足了，酷小宝和萌小贝躺
zài cǎo dì shang kàn tiān shàng de yún juǎn yún shū
在草地上看天上的云卷云舒。

hāi nǐ men hǎo yì zhī kě ài de chéng sè xiǎo xióng bào
“嗨！你们好！”一只可爱的橙色小熊，抱
zhe gè fēng mì guàn chū xiàn zài kù xiǎo bǎo hé méng xiǎo bèi miàn qián
着个蜂蜜罐出现在酷小宝和萌小贝面前，
wǒ jiào ní kè wǒ xiǎng qǐng nǐ men bāng gè máng hǎo ma
“我叫尼克。我想请你们帮个忙，好吗？”

kù xiǎo bǎo hé méng xiǎo bèi lián máng zhàn qi lai shuō hǎo
酷小宝和萌小贝连忙站起来，说：“好
wa nǐ yǒu shén me kùn nan ne
哇。你有什么困难呢？”

ní kè xióng shuō shì zhè yàng de wǒ xǐ huan chī fēng mì
尼克熊说：“是这样的。我喜欢吃蜂蜜。
gāng gāng shù xué wū pó wèn wǒ de fēng mì guàn yǒu duō zhòng wǒ bù
刚刚，数学巫婆问我的蜂蜜罐有多重，我不
zhī dào tā shuō rú guǒ wǒ zài sān tiān zhī nèi bù néng bǎ zhèng què dá
知道。她说如果我在三天之内不能把正确答
àn gào su tā wǒ yǐ hòu jiù bú huì zài chī dào fēng mì le wū
案告诉她，我以后就不会再吃到蜂蜜了。呜

wū ní kè xióng yí fù kě lián xiàng kū qi lai
呜……”尼克熊一副可怜相哭起来。

kù xiǎo bǎo hé méng xiǎo bèi máng ān wèi tā bié kū bié
酷小宝和萌小贝忙安慰它：“别哭，别
kū nǐ bǎ fēng mì chī diào chēng yi chēng bú jiù zhī dào le ma
哭！你把蜂蜜吃掉，称一称不就知道了吗？”

ní kè xióng shuō shù xué wū pó shuō le bù xǔ chēng
尼克熊说：“数学巫婆说了，不许称
kōng guàn
空罐。”

kù xiǎo bǎo hé méng xiǎo bèi dèng dà le yǎn bù xǔ chēng
酷小宝和萌小贝瞪大了眼：“不许称
kōng guàn nà zěn me bàn wǒ men yě bù zhī dào zěn me bāng nǐ ya
空罐？那怎么办？我们也不知道怎么帮你呀。”

ní kè xióng shuō shù xué wū pó shuō le nǐ men kě yǐ bāng
尼克熊说：“数学巫婆说了，你们可以帮
dào wǒ
到我。”

kù xiǎo bǎo hé méng xiǎo bèi
酷小宝和萌小贝
yí huò de wèn zěn me bāng wǒ
疑惑地问：“怎么帮？我
men yòu bú huì mó fǎ
们又不会魔法。”

ní kè xióng shuō zhè guàn
尼克熊说：“这罐
fēng mì méi dǎ kāi shí wǒ chēng guò
蜂蜜没打开时我称过，

mǎn guàn de fēng mì hé guàn yí gòng qiān kè xiàn zài wǒ zhèng
满罐的蜂蜜和罐一共1千克。现在，我正

hǎo chī le yí bàn fēng mì shù xué wū pó shuō nǐ men néng bāng wǒ suàn chu
好吃了一半蜂蜜，数学巫婆说你们能帮我算出

lai
来。”

kù xiǎo bǎo hé méng xiǎo bèi yáo yao tóu xiāng shì kǔ xiào shuō
酷小宝和萌小贝摇摇头，相视苦笑，说：

suàn bu chū lái
“算不出来。”

ní kè xióng yì tīng wā yòu kāi shǐ kū le
尼克熊一听，“哇……”又开始哭了。

kù xiǎo bǎo hé méng xiǎo bèi gǎn jǐn ān wèi tā nǐ bié kū
酷小宝和萌小贝赶紧安慰它：“你别哭。

zhǐ zhī dào nǐ gāng cái shuō de tiáo jiàn bù xíng nǐ zhī dào xiàn zài lián
只知道你刚才说的条件不行，你知道现在连

guàn dài fēng mì yí gòng duō zhòng ma
罐带蜂蜜一共多重吗？”

ní kè xióng pò tì wéi xiào wǒ jiù zhī dào nǐ men yǒu bàn
尼克熊破涕为笑：“我就知道你们有办

fǎ shuō zhe cóng dà kǒu dai li tāo chū yí gè shǒu tí chèng
法！”说着，从大口袋里掏出一个手提秤。

kù xiǎo bǎo jiē guò shǒu tí chèng guà zhù fēng mì guàn chēng le
酷小宝接过手提秤，挂住蜂蜜罐称了

chēng lián guàn dài fēng mì yí gòng kè
称，连罐带蜂蜜一共550克。

méng xiǎo bèi xiào le zhè xià jiù hǎo bàn le
萌小贝笑了：“这下就好办了！”

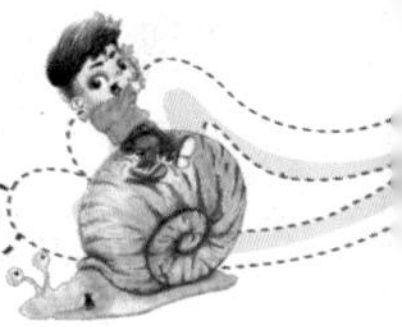

ní kè xióng yì tīng kāi xīn de tiào qi lai yē wǒ de fēng
尼克熊一听，开心地跳起来：“耶！我的蜂
mì wáng guó
蜜王国！”

fēng mì wáng guó kù xiǎo bǎo hé méng xiǎo bèi qí shēng wèn
“蜂蜜王国？”酷小宝和萌小贝齐声问。

ní kè xióng yì liǎn chōng jǐng de shuō duì ya shù xué wū pó
尼克熊一脸憧憬地说：“对呀！数学巫婆
shuō yǒu gè fēng mì wáng guó tā men nà lǐ de yí qiè dōu shì fēng mì
说有个蜂蜜王国，他们那里的一切都是蜂蜜
zuò de rú guǒ dá duì le tā jiù jiāo wǒ qù fēng mì wáng guó de zhòu
做的。如果答对了，她就教我去蜂蜜王国的咒
yǔ hā hā nǐ men xiǎng xiang kàn rú guǒ wǒ tǎng zài fēng mì zuò de
语。哈哈，你们想想看，如果我躺在蜂蜜做的
dà chuáng shang zhěn zhe fēng mì zuò de zhěn tóu gài zhe fēng mì zuò
大床上，枕着蜂蜜做的枕头，盖着蜂蜜做
de bèi zi è le jiù tiǎn liǎng kǒu bèi zi
的被子，饿了，就舔两口被子……”

kù xiǎo bǎo hé méng xiǎo bèi hā hā xiào le zhēn shi zhī tān chī
酷小宝和萌小贝哈哈笑了：“真是只贪吃
de lǎn xióng
的懒熊！”

ní kè xióng liǎn hóng le shuō fēng mì què shí hǎo chī ma
尼克熊脸红了，说：“蜂蜜确实好吃嘛。”

kù xiǎo bǎo xiào zhe shuō duì xióng ài chī fēng mì tiān jīng
酷小宝笑着说：“对，熊爱吃蜂蜜，天经
dì yì
地义。”

萌小贝说："好了，先解决了问题，你就可以美梦成真了。"

酷小宝说："我先来分析吧。满罐的蜂蜜和一个空罐共重1千克，也就是1 000克。现在连罐共重550克。那么吃掉的一半蜂蜜重：1 000－550＝450（克）。剩下的一半蜂蜜加罐一共重550克，那么，如果把剩下的一半蜂蜜450克减下去，就是罐的重量：550－450＝100（克）。"

萌小贝点点头说："你也可以这样想：一半蜂蜜重1 000－550＝450（克），那么，满罐蜂蜜重：450＋450＝900（克）。从1 000克里减去满罐蜂蜜，剩下的就是空罐的重量：1 000－

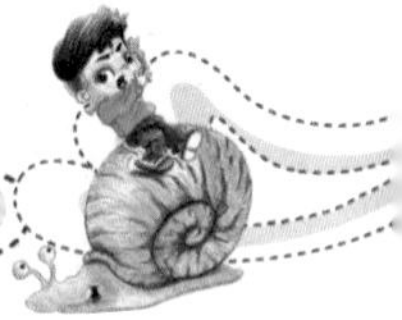

kè　suǒ yǐ　fēng mì guàn zhòng　kè
900＝100(克),所以,蜂蜜罐重100克。”

nī kè xióng yáo yao tóu shuō　nǐ men shuō de shén me ne　wǒ
尼克熊摇摇头说:“你们说的什么呢?我

tīng bù míng bai　dào dǐ yǒu méi yǒu suàn chu lai ne
听不明白,到底有没有算出来呢?”

zhēn shi zhī méi tóu nǎo de xiǎo xióng　zhǐ zhī dào chī　kù xiǎo bǎo
真是只没头脑的小熊,只知道吃,酷小宝

hé méng xiǎo bèi duì zhe ní kè xióng yáo yao tóu
和萌小贝对着尼克熊摇摇头。

ní kè xióng jiàn liǎng rén yáo tóu　lì jí yǎn hán lèi shuǐ　yòu
尼克熊见两人摇头,立即眼含泪水,又

xiǎng kū le
想哭了。

kù xiǎo bǎo hé méng xiǎo bèi ān wèi tā shuō　bié kū　bié kū
酷小宝和萌小贝安慰它说:“别哭,别哭,

suàn chu lai le　kōng guàn shì　kè
算出来了,空罐是100克。”

ní kè xióng xīng fèn de tiào qi lai　cháo liǎ rén jū gè gōng
尼克熊兴奋地跳起来,朝俩人鞠个躬,

shuō　xiè xie　zhuǎn shēn pǎo kāi le
说:“谢谢!”转身跑开了。

变成地图的紫水晶

jiē xià lái huì fā shēng shén me shì ne liǎ rén zuò zài cǎo dì
接下来会发生什么事呢？俩人坐在草地
shang dà cāi xiǎng méng xiǎo bèi shuō wǒ shí zài xiǎng bu chū jiē xià
上大猜想，萌小贝说：“我实在想不出接下
lái huì fā shēng shén me
来会发生什么。”

kù xiǎo bǎo cāi xiǎng huì bu huì zài chū xiàn yì zhī kě ài de
酷小宝猜想：“会不会再出现一只可爱的
dòng wù huò zhě shì yí gè shén qí de dì fang
动物？或者是一个神奇的地方？”

méng xiǎo bèi yáo yao tóu xiǎng bu dào
萌小贝摇摇头：“想不到。”

hāi ní kè xióng tū rán bào zhe fēng mì guàn pǎo hui lai le
“嗨！”尼克熊突然抱着蜂蜜罐跑回来了，
qì chuǎn xū xū de shuō péng you men gāng gāng jí zhe qù wǒ mèng
气喘吁吁地说，“朋友们，刚刚急着去我梦
zhōng de fēng mì wáng guó wàng le yí jiàn zhòng yào de shì
中的蜂蜜王国，忘了一件重要的事！”

ní kè xióng pǎo dào liǎng rén miàn qián cóng kǒu dai li tāo chū yí
尼克熊跑到两人面前，从口袋里掏出一
gè huáng dòu dà xiǎo de zǐ shuǐ jīng shuō zhè ge gěi nǐ men shì shù
个黄豆大小的紫水晶说：“这个给你们！是数

xué wū pó ràng wǒ zhuǎn jiāo gěi nǐ men de
学巫婆让我转交给你们的。”

kù xiǎo bǎo jiē guò zǐ shuǐ jīng shuō zhè yě méi shén me tè
酷小宝接过紫水晶，说：“这也没什么特

bié ya
别呀。”

ní kè xióng shuō ò nà wǒ jiù bù zhī dào le wǒ yào gǎn
尼克熊说：“哦，那我就不知道了。我要赶

jǐn qù wǒ de fēng mì wáng guó le péng you men bài bai
紧去我的蜂蜜王国了！朋友们，拜拜！”

méng xiǎo bèi shuō ná lái wǒ kàn kan
萌小贝说：“拿来！我看看！”

méng xiǎo bèi jiē guò zǐ shuǐ jīng shuō shì zhēn shuǐ jīng ma
萌小贝接过紫水晶，说：“是真水晶吗？”

shuō zhe yòng shǒu yì niē biě le
说着用手一捏，瘪了。

méng xiǎo bèi shī wàng de shuō yuán lái zhēn shi jiǎ de
萌小贝失望地说：“原来真是假的。”

biě le de zǐ
瘪了的紫

shuǐ jīng zài méng xiǎo
水晶在萌小

bèi shǒu li jiàn jiàn biàn
贝手里渐渐变

huà yuè lái yuè dà
化，越来越大，

màn màn shū zhǎn yuán
慢慢舒展，原

lái shì yì zhāng dì tú o
来是一张地图哦！

kù xiǎo bǎo hé méng xiǎo bèi dīng zhe dì tú shì cáng bǎo
酷小宝和萌小贝盯着地图：“是藏宝

tú ma
图吗？”

zhēn de xiě zhe bǎo zàng liǎng gè zì ne dào dǐ shì shén me
真的写着“宝藏”两个字呢！到底是什么

yàng de bǎo zàng ne
样的宝藏呢？

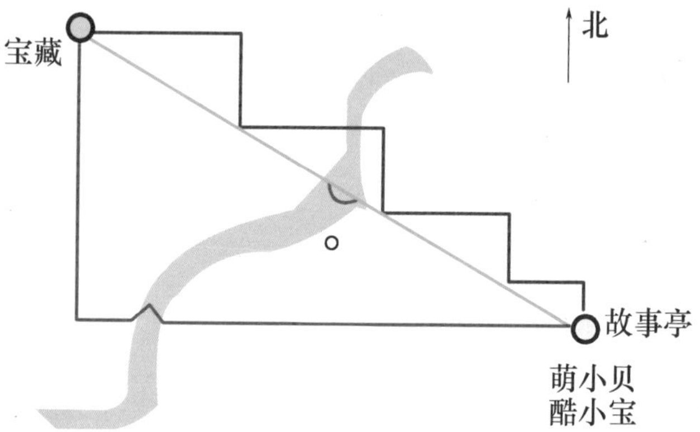

méng xiǎo bèi xiǎng le xiǎng shuō qí shí wǒ hái zhēn bù xī
萌小贝想了想说：“其实，我还真不稀

han shén me bǎo zàng
罕什么宝藏。”

kù xiǎo bǎo tiáo pí de xiào le shuō bù guǎn shén me bǎo
酷小宝调皮地笑了，说：“不管什么宝

zàng qù wán yì quān ba
藏，去玩一圈吧！”

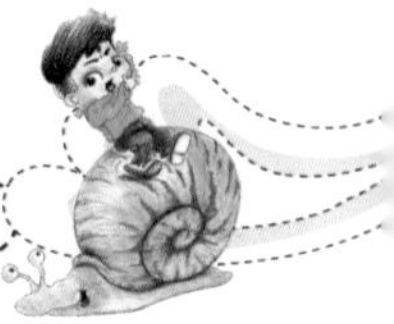

liǎng rén kāi shǐ fēn xī dì tú méng xiǎo bèi shuō shì àn
两人开始分析地图，萌小贝说：“是按

shàng běi xià nán zuǒ xī yòu dōng lái huì zhì de gù shì tíng yīng gāi jiù
上北下南、左西右东来绘制的。故事亭应该就

zài zán men běi miàn zán men xiān zhǎo dào gù shi tíng rán hòu yí qiè dōu
在咱们北面，咱们先找到故事亭，然后一切都

hǎo shuō
好说。”

tā men wǎng běi zǒu guǒ rán fā xiàn yí zuò tíng zi shàng miàn
他们往北走，果然发现一座亭子，上面

xiě zhe gù shi tíng sān gè zì
写着“故事亭”三个字。

kù xiǎo bǎo kāi xīn de shuō zhè jiù duì le dì tú shang sān
酷小宝开心地说：“这就对了！地图上三

tiáo xiǎo lù yě shì fēn bié shēn xiàng xī fāng xī běi fāng běi fāng
条小路，也是分别伸向西方、西北方、北方。”

méng xiǎo bèi kàn kan dì tú shuō zhōng jiān zhè tiáo lù zuì
萌小贝看看地图，说：“中间这条路最

jìn yīn wèi liǎng diǎn zhī jiān xiàn duàn zuì duǎn
近。因为，两点之间线段最短。”

kù xiǎo bǎo diǎn dian tóu shuō yīn wèi bǎo zàng zài gù shi tíng de
酷小宝点点头说：“因为宝藏在故事亭的

xī běi fāng xiàng suǒ yǐ xiàng xī zhè tiáo lù huì xiàng běi guǎi wān cái
西北方向，所以，向西这条路会向北拐弯才

néng dào xiàng běi zhè tiáo lù děi xiàng xī guǎi wān wǒ men cóng dì tú
能到；向北这条路得向西拐弯。我们从地图

shang kě yǐ kàn chū shì shí shàng jiù shì zhè yàng yòu bian zhè tiáo lù
上可以看出，事实上就是这样，右边这条路

guǎi le bù zhǐ yí gè wān ne
拐了不止一个弯呢！”

méng xiǎo bèi wēi xiào zhe shuō yì guǎi wān jiù zhuǎn yuǎn le
萌小贝微笑着说：“一拐弯就转远了，
zán men zǒu ba shuō zhe pǎo xiàng zhōng jiān de xiǎo lù
咱们走吧！”说着跑向中间的小路。”

kù xiǎo bǎo tiào qi lai shuō zǒu luo qù xún zhǎo bǎo zàng
酷小宝跳起来，说：“走啰！去寻找宝藏
qù luo
去啰！”

méng xiǎo bèi tū rán lā zhù kù xiǎo bǎo shuō děng yí xià
萌小贝突然拉住酷小宝说：“等一下！”

kù xiǎo bǎo bù jiě de wèn zěn me le
酷小宝不解地问：“怎么了？”

méng xiǎo bèi zhǐ zhe dì tú shuō wǒ tū rán xiǎng qi lai
萌小贝指着地图说：“我突然想起来，
zhōng jiān zhè tiáo lù gēn liǎng biān bù yí yàng nga
中间这条路跟两边不一样啊。”

kù xiǎo bǎo kàn le kàn dì tú shuō jiù shì bù yí yàng liǎng
酷小宝看了看地图，说：“就是不一样。两
biān yǒu qiáo zhōng jiān méi yǒu ér qiě hé miàn gèng kuān yì xiē
边有桥，中间没有，而且河面更宽一些。”

méng xiǎo bèi wú nài de shuō nà zhǐ néng xuǎn liǎng biān de lù
萌小贝无奈地说：“那只能选两边的路
le nǎ tiáo lù gèng jìn yì xiē ne
了。哪条路更近一些呢？”

méng xiǎo bèi huà tú fēn xī le yí xià āi zuǒ bian hé yòu
萌小贝画图分析了一下：“唉，左边和右

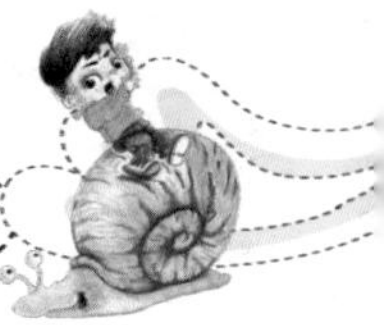

bian zhè liǎng tiáo lù shì yí yàng cháng de zǒu nǎ biān dōu bú jìn
边这两条路是一样长的，走哪边都不近。”

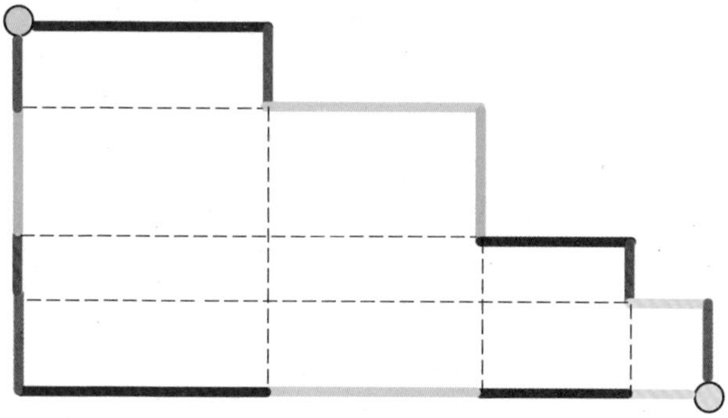

kù xiǎo bǎo xī xī xiào le zhǐ zhe de tú shuō méng xiǎo bèi
酷小宝嘻嘻笑了，指着地图说：“萌小贝！

nǐ kàn kan zhōng jiān zhè shì shén me
你看看中间这是什么？”

méng xiǎo bèi kàn le kàn jīng xǐ de shuō chuán shì xiǎo
萌小贝看了看，惊喜地说：“船？是小

chuán ba
船吧！”

kù xiǎo bǎo diǎn dian tóu shuō wǒ jué de yě shì xiǎo chuán wǒ
酷小宝点点头说：“我觉得也是小船。我

gǎn jué shì yīn wèi jīng guò zhè tiáo lù de hé miàn tài kuān le suǒ yǐ jiàn
感觉是因为经过这条路的河面太宽了，所以建

qiáo bǐ jiào fèi jìn
桥比较费劲。”

méng xiǎo bèi kuā zàn kù xiǎo bǎo fēn xī de duì zán men hái
萌小贝夸赞酷小宝：“分析得对！咱们还

shi zǒu zhōng jiān ba wǒ xǐ huan huá chuán
是走中间吧，我喜欢划船。”

农夫带了一匹狼

kù xiǎo bǎo hé méng xiǎo bèi hěn kuài jiù dào le xiǎo hé biān xiǎo
酷小宝和萌小贝很快就到了小河边，小
hé shang guǒ rán méi yǒu qiáo dàn hé liǎng àn biān gè tíng yǒu jǐ tiáo
河上果然没有桥，但河两岸边各停有几条
xiǎo chuán
小船。

kù xiǎo bǎo hé méng xiǎo bèi kàn dào yí gè nóng fū zuò zài hé biān
酷小宝和萌小贝看到一个农夫坐在河边，
nóng fū hái dài zhe yì tiáo gǒu yì zhī yáng hé yì kē dà bái cài
农夫还带着一条“狗”、一只羊和一棵大白菜。

kù xiǎo bǎo zǒu shàng qián wèn bó bo nín hǎo nín wèi shén
酷小宝走上前，问：“伯伯，您好！您为什
me bú guò hé qù ne
么不过河去呢？”

nóng fū jiàn kù xiǎo bǎo zhè me yǒu lǐ mào shuō ò wǒ
农夫见酷小宝这么有礼貌，说：“哦，我
zhèng zài fā chóu zěn me guò hé ne
正在发愁怎么过河呢！”

méng xiǎo bèi guān xīn de wèn qǐng wèn nín yù dào le shén me
萌小贝关心地问：“请问，您遇到了什么
kùn nan ne zhèr bù shì yǒu chuán ma
困难呢？这儿不是有船吗？”

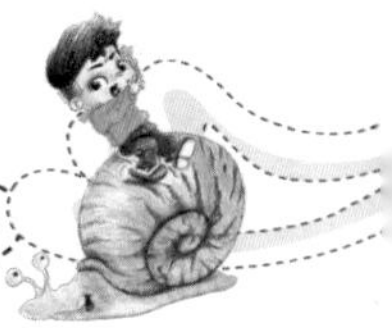

nóng fū shuō xiǎo chuán chéng shòu bù liǎo tài duō de zhòng liàng
农夫说："小船承受不了太多的重量，

wǒ měi cì zhǐ néng dài yí yàng dōng xi guò hé kě shì rú guǒ wǒ dài
我每次只能带一样东西过河。可是，如果我带

zhe bái cài wǒ bú zài shí wǒ de láng huì chī diào wǒ de yáng
着白菜，我不在时，我的狼会吃掉我的羊。"

láng kù xiǎo bǎo hé méng xiǎo bèi chī jīng de kàn kan nà zhī
"狼？"酷小宝和萌小贝吃惊得看看那只

gǒu què shí bú shì gǒu wěi bā cháo xià chuí zhe ne
"狗"，确实不是狗，尾巴朝下垂着呢。

kù xiǎo bǎo hé méng xiǎo bèi shuō bó bo nín zhēn kù jìng rán
酷小宝和萌小贝说："伯伯，您真酷！竟然

xún fú le yì pǐ láng
驯服了一匹狼！"

nóng fū xiào le xiào shuō tā gāng gāng chū shēng jiù bèi wǒ
农夫笑了笑，说："它刚刚出生就被我

jiǎn dào le cóng xiǎo yǎng dào xiàn zài
捡到了，从小养到现在。"

kù xiǎo bǎo shuō nín rú guǒ dài zhe láng yáng yòu huì chī bái cài duì ma
酷小宝说："您如果带着狼，羊又会吃白菜，对吗？"

nóng fū diǎn dian tóu shuō shì ya wǒ bù zhī dào gāi zěn me
农夫点点头，说：“是呀！我不知道该怎么
guò qù hǎo
过去好。”

méng xiǎo bèi xiǎng le xiǎng shuō nín kě yǐ xiān dài yáng guò
萌小贝想了想，说：“您可以先带羊过
qù wa láng shì bù chī bái cài de
去哇！狼是不吃白菜的！”

kù xiǎo bǎo jiē zhe shuō duì nín bǎo zhèng zhǐ ràng láng hé bái
酷小宝接着说：“对！您保证只让狼和白
cài dān dú dāi zhe jiù xíng le
菜单独呆着就行了。”

nóng fū yáo yao tóu shuō wǒ yě xiǎng le a kě shì bǎ
农夫摇摇头，说：“我也想了啊。可是，把
yáng dài guo qu hòu wǒ děi huí lái wú lùn shì xiān dài láng hái shi bái
羊带过去后，我得回来，无论是先带狼还是白
cài bǎ tā diū gěi yáng dōu shì wēi xiǎn de
菜，把它丢给羊都是危险的。”

kù xiǎo bǎo shuō nín
酷小宝说：“您
kě yǐ zhè yàng
可以这样：

dì yī tàng bǎ yáng dài
第一趟：把羊带
guo qu zì jǐ huí lái
过去，自己回来；

dì èr tàng bǎ bái cài
第二趟：把白菜

dài guo qu bǎ yáng zài dài hui lai
带过去，把羊再带回来；

dì sān tàng bǎ yáng diū zhè biān bǎ láng dài guo qu zì jǐ
第三趟：把羊丢这边，把狼带过去，自己

hui lai
回来；

dì sì tàng bǎ yáng dài guo qu
第四趟：把羊带过去。”

nóng fū yáo yao tóu shuō dài lái dài qù de wǒ zěn me yuè
农夫摇摇头，说：“带来带去的，我怎么越

tīng yuè hú tu le ne
听越糊涂了呢？”

méng xiǎo bèi shuō wǒ zài dì shang gěi nín huà gè tú ba huà
萌小贝说：“我在地上给您画个图吧！画

tú gěi nín jiù míng bai le
图给您就明白了。”

shuō zhe jiù zài dì shang biān huà biān jiě shì
说着就在地上边画边解释：

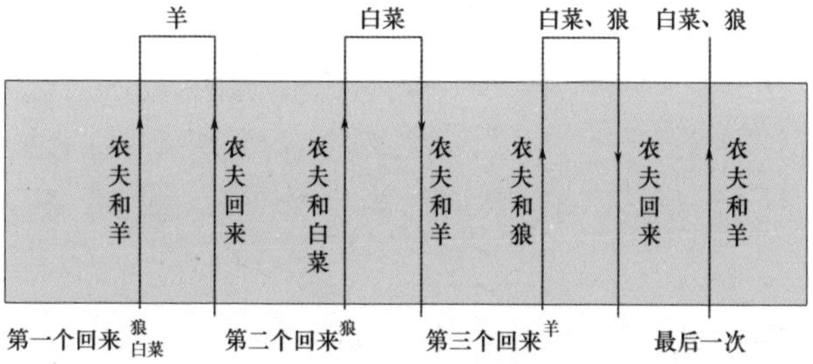

méng xiǎo bèi jiàn nóng fū lián lián diǎn tóu wèn nín tīng míng bai
萌小贝见农夫连连点头，问：“您听明白

le ba suī rán má fan le xiē dàn shì bǎo zhèng le nín bǎ tā men dōu
了吧？虽然麻烦了些，但是保证了您把它们都

shùn lì dài guò hé qù
顺利带过河去。”

nóng fū wēi xiào zhe cháo kù xiǎo bǎo hé méng xiǎo bèi shù qǐ dà mǔ
农夫微笑着朝酷小宝和萌小贝竖起大拇
zhǐ shuō nǐ men de bàn fǎ zhēn bú cuò bú guò
指，说：“你们的办法真不错！不过——”

kù xiǎo bǎo hé méng xiǎo bèi bù jiě de wèn zěn me le yǒu
酷小宝和萌小贝不解地问：“怎么了？有
shén me bú duì ma
什么不对吗？”

nóng fū xiào le xiào shuō rú guǒ méi yù dào nǐ men liǎ wǒ
农夫笑了笑，说：“如果没遇到你们俩，我
zhǐ néng zì jǐ lái lái huí huí de guò hé le kě shì
只能自己来来回回地过河了。可是——”

kù xiǎo bǎo hé méng xiǎo bèi huǎng rán dà wù shuō ò míng
酷小宝和萌小贝恍然大悟，说：“哦！明
bai wǒ men liǎ bāng nín dài yí yàng
白，我们俩帮您带一样。”

méng xiǎo bèi shuō wǒ bāng nín dài dà bái cài
萌小贝说：“我帮您带大白菜！”

kù xiǎo bǎo shuō wǒ lái dài yáng hā hā wǒ kě bù gǎn gēn
酷小宝说：“我来带羊。哈哈，我可不敢跟
yì pǐ láng dān dú dāi zài yì tiáo chuán shang
一匹狼单独呆在一条船上！”

nóng fū xiào hē hē de shuō wǒ dài láng
农夫笑呵呵地说：“我带狼。”

sān rén xiào hē hē de huá zhe chuán guò le hé
三人笑呵呵地划着船过了河。

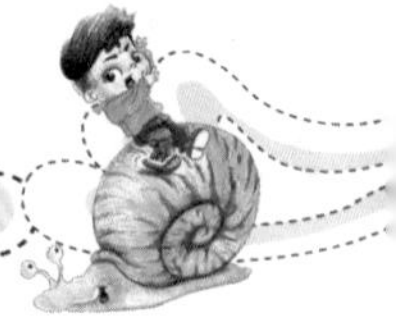

农夫养了几只羊？

dà jiā shùn lì guò le hé nóng fū shuō tài gǎn xiè nǐ men le

大家顺利过了河，农夫说：“太感谢你们了！”

kù xiǎo bǎo hé méng xiǎo bèi xiào mī mī de shuō bú kè qi

酷小宝和萌小贝笑眯眯地说：“不客气！”

nóng fū hé kù xiǎo bǎo méng xiǎo bèi yí lù xián liáo nóng fū shuō yǒu yí jiàn shì wǒ yì zhí xiǎng bu tōng shuō gěi nǐ men tīng ting

农夫和酷小宝、萌小贝一路闲聊，农夫说：“有一件事我一直想不通，说给你们听听？”

kù xiǎo bǎo hé méng xiǎo bèi shuō hǎo wa kàn wǒ men néng bu néng bāng nǐ

酷小宝和萌小贝说：“好哇！看我们能不能帮你？”

nóng fū shuō yǒu liǎng gè bà ba hé liǎng gè ér zi qù dòng wù yuán què zhǐ mǎi le sān zhāng piào wǒ jiù bù dǒng le èr jiā èr míng míng děng yú sì ya wèi shén me mǎi sān zhāng piào ne

农夫说：“有两个爸爸和两个儿子去动物园，却只买了三张票。我就不懂了，二加二明明等于四呀，为什么买三张票呢？”

kù xiǎo bǎo xiào xiào shuō　ò　yuán lái shì zhè yàng yí jiàn shì ya
酷小宝笑笑说：“哦，原来是这样一件事呀？”

méng xiǎo bèi wēi xiào zhe shuō　shì yīn wèi qí zhōng yí gè rén fēi cháng tè shū　tā jì shì bà ba　yòu shì ér zi
萌小贝微笑着说：“是因为其中一个人非常特殊，他既是爸爸，又是儿子。”

nóng fū bù jiě de wèn　jì shì bà ba　yòu shì ér zi　hái yǒu zhè yàng de rén
农夫不解地问：“既是爸爸，又是儿子？还有这样的人？”

kù xiǎo bǎo xiào zhe shuō　duì ya　bǐ rú wǒ bà ba　jiù shì wǒ yé ye de ér zi　nín yǒu ér zi ma
酷小宝笑着说：“对呀！比如我爸爸，就是我爷爷的儿子！您有儿子吗？”

nóng fū lì kè míng bai le　shuō　ò　wǒ míng bai le　wǒ jì shì ér zi de bà ba　yòu shì wǒ bà ba de ér zi
农夫立刻明白了，说：“哦！我明白了，我既是儿子的爸爸，又是我爸爸的儿子！”

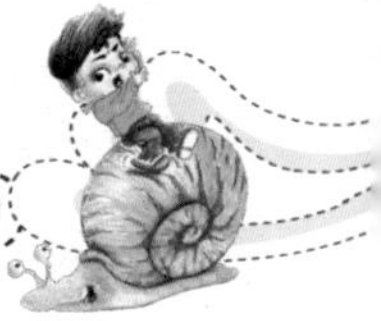

duì ya méng xiǎo bèi wèn zhè xià nín xiǎng tōng
“对呀！”萌小贝问，“这下，您想通
le ba
了吧？”

nóng fū kāi xīn de shuō xiǎng tōng la bú guò wǒ hái yǒu
农夫开心地说：“想通啦！不过，我还有
jiàn shì xiǎng bu tōng
件事想不通。”

kù xiǎo bǎo wèn hái yǒu shén me shì xiǎng bu tōng ne
酷小宝问：“还有什么事想不通呢？”

nóng fū yōu shāng de shuō wǒ bù zhī dào zì jǐ yǎng le jǐ
农夫忧伤地说：“我不知道自己养了几
zhī yáng
只羊。”

ǎ méng xiǎo bèi bù jiě de wèn nín shǔ shu bú jiù zhī
“啊？”萌小贝不解地问，“您数数不就知
dào le ma
道了吗？”

nóng fū shuō wǒ shǔ bu qīng tā men zǒng shì pǎo lái pǎo qù
农夫说：“我数不清，他们总是跑来跑去。
nǐ men bāng wǒ suàn yi suàn ba
你们帮我算一算吧。”

suàn yi suàn kù xiǎo bǎo bù jiě de wèn zěn me suàn wǒ
“算一算？”酷小宝不解地问，“怎么算？我
men yòu bú shì suàn guà de xiān sheng
们又不是算卦的先生。”

méng xiǎo bèi tīng le kù xiǎo bǎo de huà hā hā dà xiào hā
萌小贝听了酷小宝的话哈哈大笑：“哈

hā suàn guà de xiān sheng suàn guà xiān sheng dōu shì lǎo tóu ba
哈，算卦的先生？算卦先生都是老头吧！”

nóng fū yě xiào le shuō bú shì nà yàng suàn shì zhè yàng de nà tiān wǒ hé wǒ ér zi zài yáng dù zi shang huà jì hào wǒ huà hóng quān quān tā huà lán quān quān wǒ huà le gè hóng quān quān tā huà le gè lán quān quān
农夫也笑了，说：“不是那样算。是这样的，那天，我和我儿子在羊肚子上画记号。我画红圈圈，他画蓝圈圈。我画了40个红圈圈，他画了38个蓝圈圈。”

kù xiǎo bǎo wèn yì zhī yáng shang huà yí gè quān nín huà le zhī nín ér zi huà le zhī
酷小宝问：“一只羊上画一个圈？您画了40只，您儿子画了38只？”

nóng fū diǎn dian tóu shuō duì bié kàn tā nián jì xiǎo huà de kě zhēn kuài zhǐ bǐ wǒ màn nà me yì diǎn diǎn
农夫点点头，说：“对，别看他年纪小，画得可真快，只比我慢那么一点点。”

méng xiǎo bèi shuō nà hái bú hǎo suàn zhī nín yǎng de yáng kě zhēn duō
萌小贝说：“那还不好算？40＋38＝78（只），您养的羊可真多！”

nóng fū yáo yao tóu shuō bú duì ne yīn wèi hòu lái wǒ men fā xiàn yǒu de yáng shēn shang jì yǒu hóng quān quān yòu yǒu lán quān quān
农夫摇摇头，说：“不对呢。因为后来我们发现有的羊身上既有红圈圈，又有蓝圈圈。”

ǎ kù xiǎo bǎo jīng yà de shuō nà jiù bù hǎo bàn le
“啊？”酷小宝惊讶地说，“那就不好办了。”

méng xiǎo bèi wèn nín zhī dào jì yǒu hóng quān quān yòu yǒu lán

萌小贝问："您知道既有红圈圈又有蓝

quān quān de yáng yí gòng yǒu jǐ zhī ma

圈圈的羊一共有几只吗？"

nóng fū shuō hòu lái wǒ men fèi le hǎo dà jìn cái zhī dào

农夫说："后来，我们费了好大劲，才知道

jì yǒu hóng quān quān yòu yǒu lán quān quān de yáng yǒu zhī

既有红圈圈又有蓝圈圈的羊有8只。"

ò nà jiù hǎo suàn le kù xiǎo bǎo shuō bǎ zhè zhī

"哦！那就好算了。"酷小宝说，"把这8只

jiǎn xia qu jiù xíng le

减下去就行了。"

méng xiǎo bèi shuō duì zhī

萌小贝说："对！40+38=78（只），78－8=

zhī nín yí gòng yǒu zhī yáng

70（只），您一共有70只羊。"

nóng fū bù hǎo yì si de náo nao tóu shuō wǒ hái shi yǒu

农夫不好意思地挠挠头，说："我还是有

diǎn hú tu

点糊涂。"

méng xiǎo bèi shuō wǒ huà gè tú nín jiù qīng chǔ la shuō

萌小贝说："我画个图您就清楚啦！"说

zhe jiù zài dì shang huà le bà ba ér zi de jí hé tú gěi nóng

着就在地上画了"爸爸、儿子"的集合图给农

fū kàn

夫看：

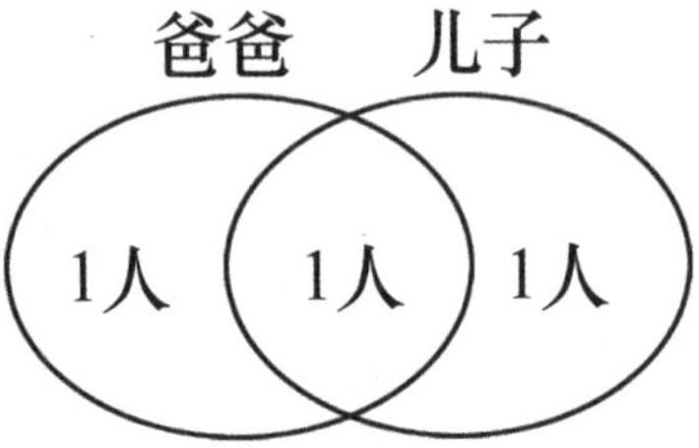

萌小贝说："您看这幅图：两个爸爸，两个儿子。其中一个人既是爸爸又是儿子，算了他两次，所以最后要把他减下去。"

农夫点点头，说："一看图我就更明白了。"

萌小贝又画了羊的集合图给农夫看：

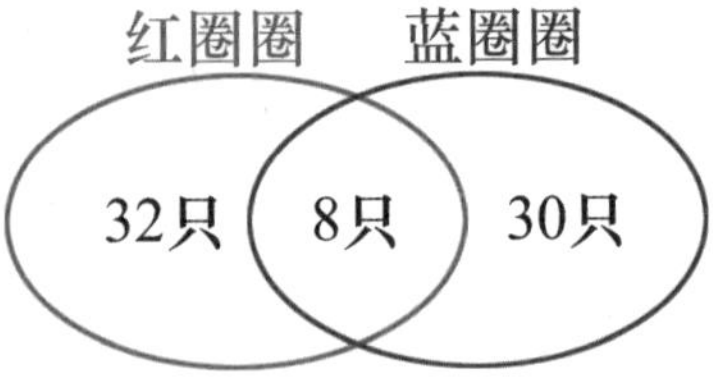

萌小贝指着图说："您看，您一共画了40个红圈圈，所以，40－8＝32（只），这32只羊身上只有红圈圈。您儿子一共画了38个蓝

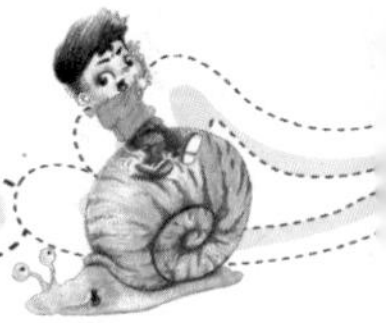

圈圈，38－8=30（只），这30只羊身上只有蓝圈圈。中间的8只羊身上既有红圈圈，又有蓝圈圈，所以它们既在红圈里，又在篮圈里。”

农夫点点头，说：“明白！这一画图就是清楚。”

酷小宝说：“您把这三个数加起来，就是羊的只数。”

农夫算一算，说：“32＋8＋30=70（只）。虽然算式和萌小贝不同，但结果和萌小贝算得一样。”

萌小贝微笑着点点头说：“只要思路不错，无论用哪种方法列式，都能算出正确的结果。”

kù xiǎo bǎo shuō gāng gāng méng xiǎo bèi de fāng fǎ nín lǐ jiě
酷小宝说：“刚刚萌小贝的方法您理解
le ma yīn wèi nín huà le zhī nín ér zi huà le zhī qí
了吗？因为您画了40只，您儿子画了38只，其
zhōng yǒu zhī bǐ jiào tè shū jì suàn zài nín de zhī lǐ yòu suàn
中有8只比较特殊，既算在您的40只里，又算
zài le nín ér zi de zhī lǐ chóng fù suàn le yí cì suǒ yǐ
在了您儿子的38只里。重复算了一次，所以，
yào bǎ zhè suàn le liǎng cì de zhī jiǎn xia qu
要把这算了两次的8只减下去。”

nóng fū kāi xīn de zhàn qi lai shuō wǒ míng bai la xiè
农夫开心地站起来，说：“我明白啦！谢
xie nǐ men bú guò xiàn zài wǒ yǒu zhī yáng le zài jiā shàng zhè
谢你们！不过，现在我有71只羊了，再加上这
yì zhī
一只！”

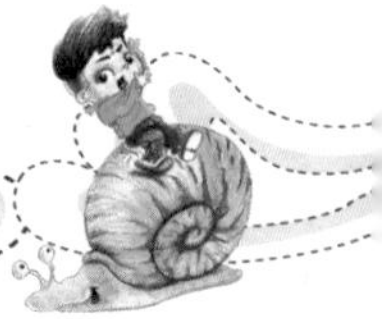

屁股下的大石头竟是头大象

yòu wǎng qián zǒu le yí duàn lù nóng fū shuō wǒ jiā jiù zài
又往前走了一段路，农夫说：“我家就在
xī bian de nà zuò shān shang nǐ men dào jiā li zuò yì huìr ba
西边的那座山上，你们到家里坐一会儿吧！”

kù xiǎo bǎo hé méng xiǎo bèi bǎi bai shǒu shuō duō xiè nín de
酷小宝和萌小贝摆摆手说：“多谢您的
hǎo yì wǒ men hái yǒu shì jiù bú qù dǎ rǎo le
好意。我们还有事，就不去打扰了。”

gào bié le nóng fū kù xiǎo bǎo hé méng xiǎo bèi jì xù gǎn
告别了农夫，酷小宝和萌小贝继续赶
lù zhōng yú dào le sān tiáo lù de jiāo huì chù yí zuò xiǎo shān
路，终于到了三条路的交汇处——一座小山
qián
前。

zhōng yú dào le kù xiǎo bǎo shuō bǎo zàng jiù zài zhè
“终于到了！”酷小宝说，“宝藏就在这
zuò shān shang
座山上？”

méng xiǎo bèi yǒu diǎn lèi yí pì gǔ zuò dào dì shang de dà
萌小贝有点累，一屁股坐到地上的大
shí tou shang shuō wǒ lèi le xiē xie zài shàng qù
石头上，说：“我累了，歇歇再上去！”

kù xiǎo bǎo yě zuò xia lai shuō　wǒ yě lèi
酷小宝也坐下来说：“我也累。”

yí　zhè shí tóu zěn me ruǎn hū hū de　rè hū hū de
“咦？这石头怎么软乎乎的、热乎乎的？”

kù xiǎo bǎo mō mo shí tou　fēi cháng chī jīng
酷小宝摸摸石头，非常吃惊。

tīng kù xiǎo bǎo yì shuō　méng xiǎo bèi cái fā xiàn pì gǔ xià
听酷小宝一说，萌小贝才发现屁股下

zhè kuài shí tou yǒu shén me bú duì jìn
这块石头有什么不对劲。

liǎng rén gāng yào zhàn qi lai　shí tou dòng le　xiàng shàng
两人刚要站起来，“石头”动了，向上

shēng qǐ　kù xiǎo bǎo hé méng xiǎo bèi chī jīng de fā xiàn tā men shì
升起，酷小宝和萌小贝吃惊地发现他们是

zuò zài yì tóu dà
坐在一头大

xiàng shēn shang
象身上。

dà xiàng zhàn
大象站

qi lai jiù xiàng qián
起来就向前

zǒu　kù xiǎo bǎo
走，酷小宝

hé méng xiǎo bèi chà
和萌小贝差

diǎn cóng dà xiàng
点从大象

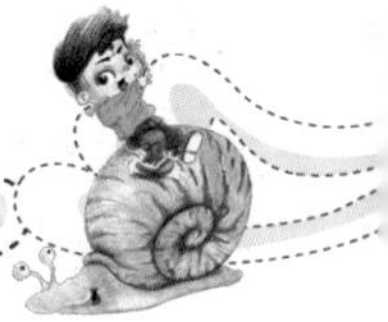

shēn shang huá xia lai shuō wèi duì bu qǐ wǒ men bù zhī
身上滑下来，说：“喂，对不起，我们不知

dào
道……”

dà xiàng xiào hē hē de shuō méi guān xi wǒ děng nǐ men
大象笑呵呵地说：“没关系，我等你们

liǎng gè hǎo jiǔ le
两个好久了。”

á kù xiǎo bǎo hé méng xiǎo bèi chī jīng de wèn nín
“啊？”酷小宝和萌小贝吃惊地问，“您

yào dài wǒ men qù nǎ lǐ ya
要带我们去哪里呀？”

dà xiàng shuō wǒ de liǎng gè xiōng dì yīn wèi jǐ dào suàn
大象说：“我的两个兄弟，因为几道算

shì zhēng chǎo bù xiū qǐng nǐ men qù píng ping lǐ
式争吵不休，请你们去评评理。”

ò shì zhè yàng nga kù xiǎo bǎo hé méng xiǎo bèi cháng
“哦！是这样啊！”酷小宝和萌小贝长

cháng de xū le yì kǒu qì shuō bú guò nín jì de bǎ wǒ men
长地吁了一口气，说，“不过，您记得把我们

tuó hui lai o wǒ men shí zài bú yuàn yì zài zǒu lù le
驮回来哦，我们实在不愿意再走路了！”

dà xiàng xiào hē hē de shuō méi wèn tí
大象笑呵呵地说：“没问题！”

kù xiǎo bǎo hé méng xiǎo bèi dà lǎo yuǎn jiù kàn dào liǎng zhī dà
酷小宝和萌小贝大老远就看到两只大

xiàng zài dǎ jià tā men de xiàng yá dǐng zài yì qǐ bí zi hù
象在打架，它们的象牙顶在一起，鼻子互

xiāng chán rào zhe
相缠绕着。

dà xiàng yì biān xiàng qián bēn pǎo yì biān hǎn wèi xiōng dì
大象一边向前奔跑一边喊：“喂！兄弟

men bié dǎ le kě shì liǎng tóu dà xiàng xiōng dì gēn běn jiù
们，别打了。”可是，两头大象兄弟根本就

bù lǐ cǎi
不理睬。

zhōng yú dào le dà xiàng xiōng dì gēn qián kù xiǎo bǎo hé
终于到了大象兄弟跟前，酷小宝和

méng xiǎo bèi cóng dà xiàng shēn shang huá xia lai
萌小贝从大象身上滑下来。

kù xiǎo bǎo shuō dà xiàng xiōng dì dǎ bié rén jiù děng yú
酷小宝说：“大象兄弟，打别人就等于

dǎ zì jǐ o gǎn jǐn fàng shǒu ba dǎ jià shì jiě jué bù liǎo wèn
打自己哦。赶紧放手吧，打架是解决不了问

tí de
题的。”

méng xiǎo bèi shuō shì ya dòng nǎo bú dòng shǒu cái shì
萌小贝说：“是呀。动脑不动手，才是

jūn zǐ zuò fēng
君子作风。”

dà xiàng xiōng dì sōng kāi duì fāng tóng shí wèn jūn zǐ
大象兄弟松开对方，同时问：“君子？

wǒ men shì dà xiàng bú shì jūn zǐ
我们是大象，不是君子。”

kù xiǎo bǎo hé méng xiǎo bèi tīng le hā hā dà xiào shuō
酷小宝和萌小贝听了哈哈大笑，说：

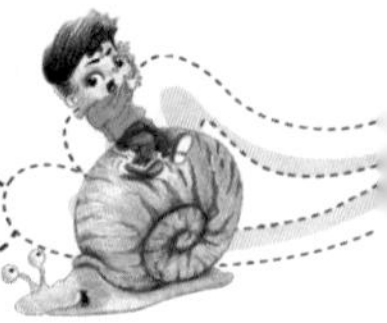

duì nǐ men shì dà xiàng nǐ men shuō de duì
“对！你们是大象，你们说得对！”

dà xiàng xiōng dì yòu shuō wǒ men yě gēn běn méi dòng shǒu
大象兄弟又说：“我们也根本没动手，
wǒ men gāng gāng dòng de shì bí zi hé xiàng yá
我们刚刚动的是鼻子和象牙。”

méng xiǎo bèi bàn gè guǐ liǎn xiào xī xī de shuō gāng gāng
萌小贝扮个鬼脸，笑嘻嘻地说：“刚刚
shì wǒ bú duì
是我不对。”

kù xiǎo bǎo shuō zhè bù nǐ men hái tǐng yǒu mò qì ma
酷小宝说：“这不你们还挺有默契吗？”

dà xiàng shuō xiōng dì men dào dǐ nǐ men shéi duì shéi cuò
大象说：“兄弟们，到底你们谁对谁错，
xiàn zài qǐng zhè liǎng wèi shù xué tiān cái gěi nǐ men píng ping lǐ
现在请这两位数学天才给你们评评理。”

dà xiàng xiōng dì shuǎi shuai bí zi shuō hǎo ba bú
大象兄弟甩甩鼻子，说：“好吧！不
guò děi gōng píng hé lǐ děi ràng wǒ men fú qì
过，得公平合理，得让我们服气。”

kù xiǎo bǎo hé méng xiǎo bèi wēi xiào zhe shuō dāng rán wǒ
酷小宝和萌小贝微笑着说：“当然，我
men yí dìng huì zuò dào gōng píng gōng zhèng
们一定会做到公平公正。”

dà xiàng bǎ dà xiàng xiōng dì zuò de tí fēn bié gěi kù xiǎo bǎo
大象把大象兄弟做的题分别给酷小宝
hé méng xiǎo bèi kàn kù xiǎo bǎo kàn le kàn tā shǒu li de tí shuō
和萌小贝看。酷小宝看了看他手里的题，说：

dì yī tí shì duì de hòu miàn liǎng dào de wèi zhì xiě cuò le
“第一题是对的，后面两道0的位置写错了。”

$208 \div 2 = 104$　　$618 \div 6 = 130$　　$540 \div 5 = 180$

$$\begin{array}{r} 104 \\ 2\overline{)208} \\ \underline{2} \\ 8 \\ \underline{8} \\ 0 \end{array} \qquad \begin{array}{r} 13 \\ 6\overline{)618} \\ \underline{6} \\ 18 \\ \underline{18} \\ 8 \end{array} \qquad \begin{array}{r} 18 \\ 5\overline{)540} \\ \underline{5} \\ 40 \\ \underline{40} \\ 0 \end{array}$$

méng xiǎo bèi jiē guò kàn le kàn zhòu zhou méi tóu shuō zhè wèi dà xiàng xiōng di quán cuò le shāng zhōng jiān dōu shì yǒu de tā wàng jì le shāng zhōng jiān de
萌小贝接过看了看，皱皱眉头说：“这位大象兄弟全错了，商中间都是有0的，他忘记了商中间的0。”

$208 \div 2 = 14$　　$618 \div 6 = 13$　　$540 \div 5 = 18$

$$\begin{array}{r} 14 \\ 2\overline{)208} \\ \underline{2} \\ 8 \\ \underline{8} \\ 0 \end{array} \qquad \begin{array}{r} 13 \\ 6\overline{)618} \\ \underline{6} \\ 18 \\ \underline{18} \\ 0 \end{array} \qquad \begin{array}{r} 18 \\ 5\overline{)540} \\ \underline{5} \\ 40 \\ \underline{40} \\ 0 \end{array}$$

liǎng zhī xiàng xiōng dì tīng shuō tā men dōu yǒu cuò xiū hóng le liǎn
两只象兄弟听说他们都有错，羞红了脸。

kù xiǎo bǎo hé méng xiǎo bèi ān wèi tā men shuō zhè běn lái
酷小宝和萌小贝安慰他们说："这本来

jiù róng yì chū cuò wǒ de bù shǎo tóng xué dōu fàn zhè yàng de cuò
就容易出错。我的不少同学都犯这样的错

wù méi shén me gǎi zhèng guo lai jiù hǎo le
误。没什么，改正过来就好了。"

kù xiǎo bǎo hé méng xiǎo bèi nài xīn de gěi liǎng zhī xiàng xiōng
酷小宝和萌小贝耐心地给两只象兄

dì jiǎng liè chú fǎ suàn shì shí chú dào bèi chú shù de nà yí
弟讲："列除法算式时，除到被除数的那一

wèi jiù zài nà yí wèi shàng miàn xiě shāng bú gòu shāng de yào
位，就在那一位上面写商。不够商1的，要

xiě zhàn wèi bǐ rú dì yī tí chú yǐ shí wèi shang
写0占位。比如，第一题，208除以2，十位上

shì suǒ yǐ wǒ men yào zài shāng de shí wèi shang xiě ér dì
是0，所以，我们要在商的十位上写0。而第

èr gè hé dì sān gè suàn shì suī rán bèi chú shù zhōng jiān méi yǒu
二个和第三个算式，虽然被除数中间没有

dàn wǒ men kě yǐ kàn dào shí wèi shang bú gòu shāng suǒ yǐ
0，但我们可以看到，十位上不够商1，所以

yào shāng zhàn wèi bǎ gè wèi shang de shù zì luò xia lai yǔ shí
要商0占位，把个位上的数字落下来，与十

wèi jiā qi lai jì xù chú
位加起来继续除。"

sān zhī dà xiàng shuǎi shuai bí zi diǎn dian tóu shuō wǒ
三只大象甩甩鼻子，点点头，说："我

men míng bai le xiè xie nǐ men
们明白了，谢谢你们。"

kù xiǎo bǎo hé méng xiǎo bèi wēi xiào zhe shuō　bú kè qi
酷小宝和萌小贝微笑着说：“不客气。
yǐ hòu nǐ men yù dào shén me shì yě bú yào dǎ jià le ya
以后你们遇到什么事也不要打架了呀。”

liǎng zhī xiàng xiōng dì bù hǎo yì si de diǎn dian tóu　shuō
两只象兄弟不好意思地点点头，说：
bú huì lā
“不会啦。”

kù xiǎo bǎo shuō　duì le　zài gào su nǐ men yì diǎn　bèi
酷小宝说：“对了，再告诉你们一点：被
chú shù zhōng jiān yǒu　shāng de zhōng jiān bù yí dìng yǒu　bèi chú
除数中间有0，商的中间不一定有0；被除
shù zhōng jiān méi yǒu　shāng de zhōng jiān kě néng yǒu
数中间没有0，商的中间可能有0。”

méng xiǎo bèi shuō　yě jiù shì shuō　shāng de zhōng jiān shì
萌小贝说：“也就是说，商的中间是
fǒu yǒu　bú shì yóu bèi chú shù zhōng jiān yǒu méi yǒu　lái jué dìng
否有0，不是由被除数中间有没有0来决定
de
的。”

dà xiàng shuō　tài hǎo le　xiè xie nǐ men　wǒ bǎ nǐ men
大象说：“太好了，谢谢你们。我把你们
sòng huí qu
送回去。”

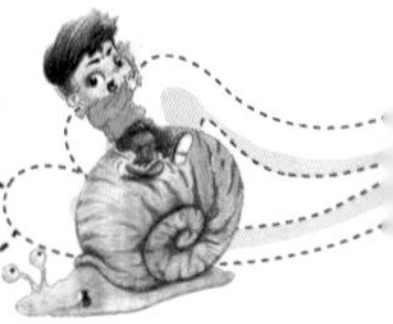

宝藏只是一股烟儿

kù xiǎo bǎo hé méng xiǎo bèi xiàng bǎo zàng shān shang pá tā
酷小宝和萌小贝向宝藏山上爬，他

men xiǎng bǎo zàng yí dìng zài yí gè shān dòng li
们想：“宝藏一定在一个山洞里。”

kě shì tā men pá dào shān dǐng yě méi kàn jiàn yí gè shān dòng
可是，他们爬到山顶，也没看见一个山洞。

lèi sǐ la kù xiǎo bǎo hé méng xiǎo bèi yí pì gǔ zuò dào
“累死啦！”酷小宝和萌小贝一屁股坐到

shān dǐng shang de yì kē dà shù xià zài yě bù xiǎng zǒu bàn bù la
山顶上的一棵大树下，再也不想走半步啦。

xiū xi le yí huìr kù xiǎo bǎo kāi shǐ dǎ liang shān dǐng
休息了一会儿，酷小宝开始打量山顶

shang de dà shù zhè zhēn shi yì kē fēi cháng dà de shù shù gàn
上的大树。这真是一棵非常大的树，树干

nà me cū kù xiǎo bǎo yí gè rén dōu bào bu guò lái mào mì de
那么粗，酷小宝一个人都抱不过来。茂密的

shù yè yóu liàng fā guāng shù guàn xiàng yì bǎ fēi cháng dà de sǎn
树叶油亮发光，树冠像一把非常大的伞。

kù xiǎo bǎo wéi zhe shù gàn zhuàn le yì quān fā xiàn shù gàn
酷小宝围着树干转了一圈，发现树干

shang yǒu yí kuài shù pí yǔ bié de dì fang yán sè bù tóng bǐ qí
上有一块树皮与别的地方颜色不同，比其

tā dì fang yán sè yào shēn yì xiē
他地方颜色要深一些。

kù xiǎo bǎo yòng shǒu qiāo le qiāo nà kuài yán sè jiào shēn de shù
酷小宝用手敲了敲那块颜色较深的树

pí pēng pēng pēng lǐ miàn hǎo xiàng shì kōng de shù pí shang
皮，“砰砰砰”，里面好像是空的，树皮上

xiǎn chū liǎng gè hóng sè de zì bǎo zàng
显出两个红色的字：“宝藏”。

méng xiǎo bèi kuài lái kàn bǎo zàng zài zhè lǐ kù xiǎo
“萌小贝！快来看！宝藏在这里！”酷小

bǎo hǎn zhèng zài shù xià mái tóu dǎ dǔn de méng xiǎo bèi
宝喊正在树下埋头打盹的萌小贝。

méng xiǎo bèi yì tīng bǎo zàng lì jí lái le jīng shen
萌小贝一听“宝藏”，立即来了精神，

sōu de zhàn qi
“嗖”地站起

lai wèn nǎ lǐ
来，问：“哪里？

nǎ lǐ
哪里？”

méng xiǎo bèi qiāo
萌小贝敲

qiao xiě zhe bǎo zàng
敲写着“宝藏”

liǎng gè zì de shù pí
两个字的树皮，

shuō nán dào qiào kāi
说：“难道撬开

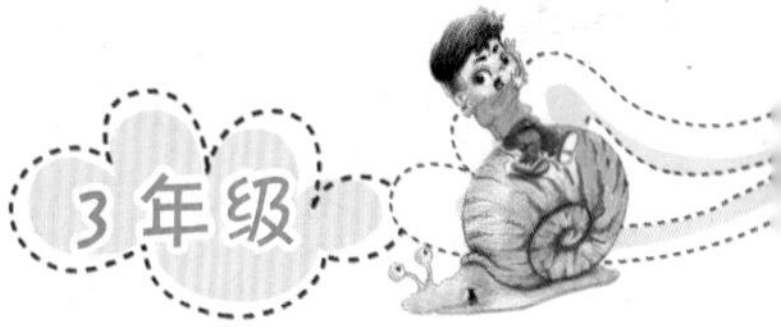

这块树皮就能看到宝藏？”

正疑惑不解时，树皮上的“宝藏”两个字消失了，慢慢显出一道题：

☆÷9＝104……★　　★最大是（　　）

酷小宝读了读题，笑着说：“哈哈，这么简单？小菜一碟！”

萌小贝也笑了，说：“余数要比除数小，所以，★不能超过9，最大是8。根据除法各部分间的关系，被除数＝商×除数＋余数，所以，★＝104×9＋8＝944。”

酷小宝在心里算了一下，跟萌小贝的答案一样，于是，就大声对着树皮喊：“答案是944！”

酷小宝喊完，树皮上出现了一个“√”，

rán hòu suǒ yǒu de zì xiāo shī le
然后，所有的字消失了。

kě shì shù pí bìng méi yǒu dǎ kāi ér shì chū xiàn le lìng
可是，树皮并没有打开，而是出现了另

yí dào shù xué tí
一道数学题：

zuì xiǎo shì
☆÷★=22……19　☆最小是(　　)

kù xiǎo bǎo kàn le kàn tí shuō zhè dào tí gēn gāng cái
酷小宝看了看题，说：“这道题跟刚才

nà dào tí yòng dào de zhī shi diǎn shì yí yàng de jiù shì yú shù
那道题用到的知识点是一样的，就是余数

yào bǐ chú shù xiǎo yú shù shì suǒ yǐ chú shù zuì xiǎo yě yīng
要比除数小。余数是19，所以除数最小也应

gāi shì dāng chú shù zuì xiǎo shí bèi chú shù yě zuì xiǎo suǒ
该是20。当除数最小时，被除数也最小，所

yǐ
以☆=22×20+19=459。”

méng xiǎo bèi zài xīn lǐ mò suàn le yí xià diǎn dian tóu shuō
萌小贝在心里默算了一下，点点头说：

duì kě yǐ shì yě kě yǐ shì
“对，☆可以是20，也可以是21、22、23……

qí zhōng zuì xiǎo de jiù shì le suǒ yǐ zuì xiǎo yě jiù
其中，最小的就是20了。所以，☆最小也就

shì le
是459了。”

méng xiǎo bèi de huà gāng gāng shuō wán shù gàn shang nà kuài
萌小贝的话刚刚说完，树干上那块

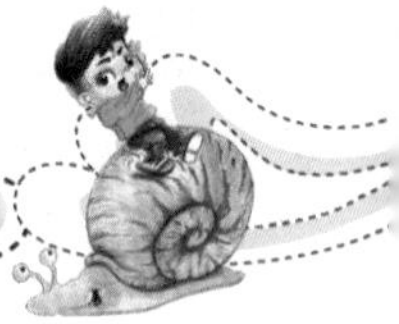

shù pí kā cā kā cā xiāo shī le
树皮咔嚓咔嚓消失了。

kù xiǎo bǎo bǎ tóu shēn jìn shù gàn jīng jiào zhe bǎo zàng
酷小宝把头伸进树干，惊叫着：“宝藏！
bǎo zàng zài nǎ lǐ
宝藏在哪里？”

méng xiǎo bèi wèn kù xiǎo bǎo kàn dào shén me le ma
萌小贝问：“酷小宝，看到什么了吗？”

kù xiǎo bǎo chū lái shuō hēi qī qī yí piàn shén me dōu méi
酷小宝出来，说：“黑漆漆一片，什么都没
yǒu
有。”

ǎ bú huì ba liǎng rén dōu shī wàng jí le
“啊？不会吧？”两人都失望极了。

zhè shí cóng shù dòng li mào chū yì gǔ fěn sè de yān wù
这时，从树洞里冒出一股粉色的烟雾，
xiāng xiāng tián tián de wèi dào lì kè ràng kù xiǎo bǎo hé méng xiǎo bèi gǎn
香香甜甜的味道，立刻让酷小宝和萌小贝感
jué hún shēn chōng mǎn le lì liang jī è hé pí juàn yì sǎo ér guāng
觉浑身充满了力量，饥饿和疲倦一扫而光。

jiē zhe yòu yǒu yì gǔ lǜ sè de yān wù cóng shù dòng li mào
接着，又有一股绿色的烟雾从树洞里冒
chu lai qīng qīng shuǎng shuǎng de wèi dào ràng kù xiǎo bǎo hé méng
出来，清清爽爽的味道，让酷小宝和萌
xiǎo bèi xīn lǐ chōng mǎn le xìng fú kuài lè de gǎn jué
小贝心里充满了幸福、快乐的感觉。

kù xiǎo bǎo hé méng xiǎo bèi táo zuì zài zhè ràng rén kuài lè de
酷小宝和萌小贝陶醉在这让人快乐的

wèi dào li
味道里。

zuì hòu yì gǔ chéng sè de yān wù cóng shù dòng li piāo chu
最后，一股橙色的烟雾从树洞里飘出

lai bǎ kù xiǎo bǎo hé méng xiǎo bèi bāo guǒ qi lai
来，把酷小宝和萌小贝包裹起来。

kù xiǎo bǎo hé méng xiǎo bèi bèi chéng sè de yān wù bāo guǒ zhe
酷小宝和萌小贝被橙色的烟雾包裹着

piāo dào tiān kōng tā men gǎn jué xiàng zài mā ma de huái bào li yí
飘到天空，他们感觉像在妈妈的怀抱里一

yàng wēn nuǎn
样温暖。

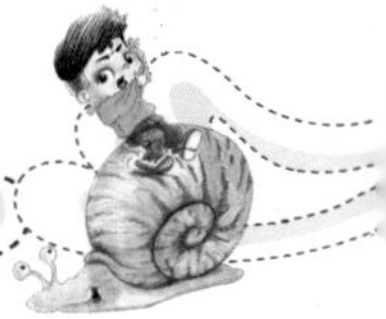

迷糊中坐上了巨人的餐桌

chéng sè de yān wù bāo guǒ zhe kù xiǎo bǎo hé méng xiǎo bèi piāo
橙色的烟雾包裹着酷小宝和萌小贝飘
wa piāo zhōng yú jiàng luò xia lai
哇飘，终于降落下来。

chéng sè de yān wù màn màn piāo sàn kù xiǎo bǎo hé méng xiǎo
橙色的烟雾慢慢飘散，酷小宝和萌小
bèi huǎn huǎn zhēng kāi shuāng yǎn méng xiǎo bèi xiào xī xī de shuō
贝缓缓睁开双眼，萌小贝笑嘻嘻地说：
hē hē yuán lái bǎo zàng zhǐ shì yì gǔ yān na
“呵呵，原来宝藏只是一股烟哪？”

kù xiǎo bǎo yě hā hā xiào zhe shuō hā hā bú shì yì
酷小宝也哈哈笑着说：“哈哈，不是一
gǔ shì sān gǔ ne bú guò wǒ hěn xǐ huan
股，是三股呢！不过，我很喜欢！”

méng xiǎo bèi diǎn dian tóu shuō què shí bú shì yì bān de
萌小贝点点头，说：“确实不是一般的
bǎo zàng
宝藏！”

liǎng rén yī rán táo zuì zài kuài lè hé xìng fú zhōng jiù shì
两人依然陶醉在快乐和幸福中，就是
yīn wèi gǎn jué tài xìng fú le dōu wàng jì le kàn kan zì jǐ dào
因为感觉太幸福了，都忘记了看看自己到

dǐ jiàng luò zài le shén me dì fang
底降落在了什么地方。

wèi nǐ men liǎng gè zěn me zuò zài wǒ de cān zhuō shang
“喂！你们两个怎么坐在我的餐桌上
nga yì gè tīng qi lai hǎo ràng rén hài pà de shēng yīn xiǎng qǐ
啊？”一个听起来好让人害怕的声音响起。

ǎ kù xiǎo bǎo hé méng xiǎo bèi zuǒ yòu zhāng wàng tā
“啊！”酷小宝和萌小贝左右张望，他
men jìng rán zài yí gè fēi cháng dà de shí tou fáng zi li zuò zài
们竟然在一个非常大的石头房子里，坐在
yí gè dà dà de shí tou cān zhuō shang yí gè dà yuē mǐ duō gāo
一个大大的石头餐桌上，一个大约3米多高
de jù rén duān zhe yí gè jù dà de wǎn zhàn zài tā men miàn qián
的巨人，端着一个巨大的碗站在他们面前。

duì bu qǐ duì bu qǐ kù xiǎo bǎo hé méng xiǎo bèi jīng
“对不起，对不起！”酷小宝和萌小贝惊
huāng de cóng shí tou cān zhuō shang tiào xia lai shuō wǒ men yě
慌地从石头餐桌上跳下来，说，“我们也
bù zhī dào zěn me jiù piāo dào nín cān zhuō shang le
不知道怎么就飘到您餐桌上了。”

jù rén yáo le yáo tóu shuō bié gēn wǒ shuō duì bu qǐ
巨人摇了摇头，说：“别跟我说对不起，
yào xiǎng qiú dé wǒ de liàng jiě jiù bāng wǒ bàn jiàn shì ba
要想求得我的谅解，就帮我办件事吧。”

kù xiǎo bǎo hé méng xiǎo bèi lián máng dā ying méi wèn tí
酷小宝和萌小贝连忙答应：“没问题，
wǒ men yí dìng jìn zuì dà nǔ lì bāng nín
我们一定尽最大努力帮您！”

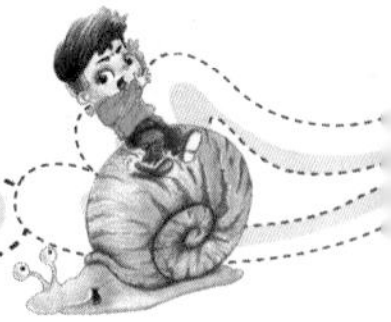

jù rén diǎn dian tóu shuō wǒ xiǎng bǎ zhè fáng zi de dì
巨人点点头，说：“我想把这房子的地
zhuān huàn chéng xīn de nǐ men jiù bāng wǒ huàn yi huàn ba
砖换成新的，你们就帮我换一换吧。”

zhè me dà kuài de dì zhuān lián xiān dài pū děi máng dào hóu
这么大块的地砖，连掀带铺，得忙到猴
nián mǎ yuè ya kù xiǎo bǎo hé méng xiǎo bèi xīn lǐ àn àn jiào kǔ
年马月呀？酷小宝和萌小贝心里暗暗叫苦，
què bù gǎn shuō chū kǒu
却不敢说出口。

jù rén jiàn liǎng rén méi huí yìng wèn yǒu shén me wèn tí ma
巨人见两人没回应，问：“有什么问题吗？”

ò méi
“哦，没
yǒu wèn tí kù
有问题。”酷
xiǎo bǎo hé méng xiǎo
小宝和萌小
bèi lián máng shuō
贝连忙说。

xìng fú de
幸福的
gǎn jué yǒu diǎn duǎn
感觉有点短
na kù xiǎo bǎo
哪！酷小宝
àn xiǎng
暗想。

“怪不得快乐”叫快乐，快乐的感觉这么快就过去了，该“痛苦”来了”。萌小贝在心里嘀咕。

巨人喝了口粥，说：“不用怕，我会帮助你们的。”

“哦！太感谢您了！”酷小宝和萌小贝心里的石头放下来一半。

巨人很快吃完了，把一切收拾完后，说：“现在我房子里的地砖是边长5分米的正方形，一共用了800块。”

酷小宝点点头，说：“您这房子的面积是200平方米。”

巨人惊讶地盯着酷小宝，问：“你怎么知道的？”

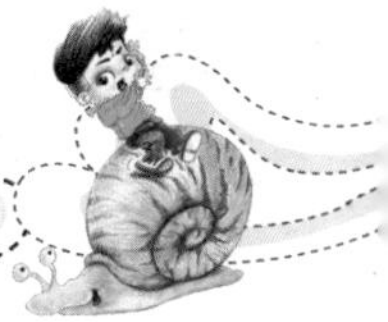

酷小宝笑了笑，说："我算的呀。800块地砖的总面积，就是您房间地面的面积。地砖是正方形的，一块的面积是：5×5=25（平方分米），那么800块地砖的总面积就是25×800=20 000（平方分米）=200（平方米）。"

"你数学真好。"巨人冲酷小宝笑笑，继续说，"我这房子的长是20米。"

萌小贝微笑着说："宽一定是10米，因为长方形的宽=面积÷长。"

巨人冲萌小贝竖起大拇指，说："没错，就是10米！现在，我想把地砖换成长1米，宽5分米的木质地板，一共需要几块呢？"

萌小贝说："这个我来算吧。计算面积的时候，一定要注意单位是否统一。1米=10分米。一块木质地板的面积是10×5=50（平方分米）。地面面积里有几个地砖面积，就需要几块，所以，用地面面积÷地砖面积=地砖块数。刚刚已经知道了您房间的地面面积是200平方米，单位不统一，还是要先换算单位：200平方米=20 000平方分米，20 000÷50=400（块）。"

酷小宝说："其实，一块木质地板的面积正好是原地砖面积的2倍，原地砖用了800块，新地板的块数应该是原来的一半，也就是400块。"

巨人听了萌小贝和酷小宝的分析，鼓起

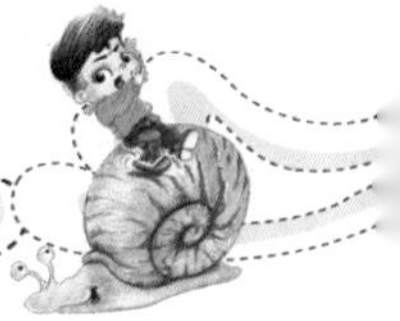

zhǎng kù xiǎo bǎo hé méng xiǎo bèi cuī cù jù rén zán men gǎn jǐn
掌。酷小宝和萌小贝催促巨人：“咱们赶紧

dòng gōng ba wǒ men hái jí zhe huí jiā ne
动工吧！我们还急着回家呢！”

jù rén xiào le xiào shuō bú yòng jí qí shí bú yòng
巨人笑了笑，说：“不用急。其实，不用

nǐ men dòng shǒu de mǎ yǐ gōng chéng duì huì lái zuò zhè yí qiè
你们动手的，蚂蚁工程队会来做这一切

de wǒ gāng gāng zhǐ shì kāi le gè wán xiào ér yǐ
的。我刚刚只是开了个玩笑而已。”

魔毯飞呀飞

kù xiǎo bǎo hé méng xiǎo bèi tīng jù rén shuō mǎ yǐ gōng chéng
酷小宝和萌小贝听巨人说“蚂蚁工程
duì gǎn dào fēi cháng jīng qí
队”,感到非常惊奇。

jù rén xiào wèn zěn me bù xiāng xìn mǎ yǐ kě shì wǒ men
巨人笑问:“怎么?不相信?蚂蚁可是我们
zhè lǐ de dà lì shì ya
这里的大力士呀!”

méng xiǎo bèi lián máng diǎn tóu shuō ò wǒ zhī dào mǎ yǐ
萌小贝连忙点头,说:“哦!我知道!蚂蚁
néng jǔ qǐ chāo guò zì shēn tǐ zhòng bèi de dōng xi tuō yùn chāo
能举起超过自身体重400倍的东西,拖运超
guò zì jǐ tǐ zhòng bèi de wù tǐ
过自己体重1 700倍的物体!”

kù xiǎo bǎo bù jiě de wèn zhè wǒ yě zhī dào zhà měng néng
酷小宝不解地问:“这我也知道。蚱蜢能
tiào chū zì jǐ shēn cháng bèi de jù lí tiào zǎo zhì shǎo néng tiào chū
跳出自己身长75倍的距离;跳蚤至少能跳出
zì jǐ shēn cháng duō bèi de gāo dù kě shì zhè shì xiāng duì yú
自己身长100多倍的高度。可是,这是相对于
tā men shēn tǐ lái shuō de mǎ yǐ de shēn tǐ nà me xiǎo
他们身体来说的。蚂蚁的身体那么小……”

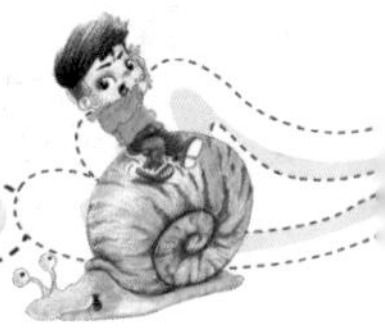

dōng dōng dōng　yǒu rén qiāo mén jù rén shuō　qǐng jìn
“咚咚咚！”有人敲门巨人说：“请进。”

yì zhī jù dà de mǎ yǐ jìn lái　jìn　mǐ gāo　lǐ mào de
一只巨大的蚂蚁进来（近2米高），礼貌地

shuō　xiān sheng　nín yào de mù zhì dì bǎn sòng dào le
说：“先生，您要的木质地板送到了。”

jù rén wēi xiào zhe diǎn dian tóu　shuō　hǎo de　jiù xiè zài fáng
巨人微笑着点点头，说：“好的，就卸在房

zi wài miàn ba　nǐ men de rén dào qí hòu jiù kě yǐ kāi gōng le
子外面吧，你们的人到齐后就可以开工了。”

mǎ yǐ tuì chu qu　kù xiǎo bǎo hé méng xiǎo bèi mǐn zuǐ xiào zhe
蚂蚁退出去，酷小宝和萌小贝抿嘴笑着，

bú zài shuō huà
不再说话。

jù rén xiào le xiào　shuō　wǒ yǒu yí jiàn bǎo bèi yào sòng gěi
巨人笑了笑，说：“我有一件宝贝要送给

nǐ men
你们。”

shén me bǎo bèi　kù xiǎo bǎo hé méng xiǎo bèi　jī dòng de wèn
“什么宝贝？”酷小宝和萌小贝激动地问。

jù rén xiào le xiào　shuō　xiān bāng wǒ wán chéng yí dào shù xué
巨人笑了笑，说：“先帮我完成一道数学

tí zài gào su nǐ men
题再告诉你们。”

jù rén dì gěi kù xiǎo bǎo yì zhāng zhǐ　shuō　jiǎ shè zhè zhāng
巨人递给酷小宝一张纸，说：“假设这张

zhǐ cháng　mǐ　kuān　mǐ　wǒ xiǎng cóng shàng miàn jiǎn xià yí gè
纸长8米，宽5米。我想从上面剪下一个

cháng mǐ kuān mǐ de xiǎo cháng fāng xíng nǐ lái bāng wǒ suàn yi
长3米，宽2米的小长方形。你来帮我算一
suàn zěn me jiǎn shèng xià de miàn jī hé zhōu cháng zuì dà
算，怎么剪剩下的，面积和周长最大。”

kù xiǎo bǎo jiē guo lai shuō xiān sheng wú lùn nín zěn me
酷小宝接过来，说：“先生，无论您怎么
jiǎn shèng xià de miàn jī dōu xiāng děng zhōu cháng kě néng huì zēng jiā
剪，剩下的面积都相等，周长可能会增加，
yě kě néng hé yuán lái xiāng děng dàn yí dìng bú huì jiǎn shǎo
也可能和原来相等，但一定不会减少。”

méng xiǎo bèi wèn jù rén xiān sheng qǐng wèn nín néng gěi wǒ
萌小贝问巨人：“先生，请问，您能给我
yì zhāng kòng bái de zhǐ hé yì zhī bǐ ma
一张空白的纸和一支笔吗？”

méi wèn tí jù rén shuō zhe hěn kuài jiù gěi méng xiǎo bèi zhǎo
“没问题！”巨人说着，很快就给萌小贝找
lái zhǐ hé bǐ
来纸和笔。

kù xiǎo bǎo shuō ràng méng xiǎo bèi gěi nín huà tú jiǎng
酷小宝说：“让萌小贝给您画图讲
jiě ba
解吧。”

méng xiǎo bèi hěn kuài jiù huà le sān fú tú
萌小贝很快就画了三幅图：

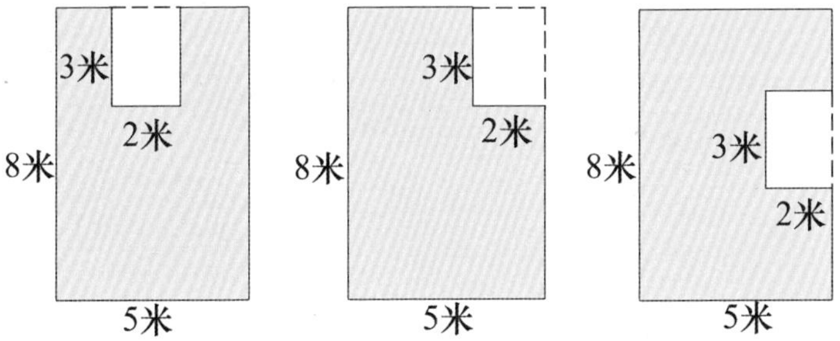

萌小贝说："您看，无论怎么剪，剩下的图形面积都相等，都等于原长方形的面积减去小长方形的面积，列式是：8×5－3×2=34(平方米)。"

巨人点点头，问："周长呢？"

萌小贝接着说："您看，第一种剪法的周长和原来相比增加了2个3米，是：(8+5)×2+3×2=32（米）；第二种剪法的周长不变，还是：(8+5)×2=26（米）；第三种剪法的周长比原来增加了2个2米，是：(8+5)×2+2×

mǐ yóu cǐ lái kàn dì yī zhǒng jiǎn fǎ de zhōucháng zuì dà
2=30(米)。由此来看，第一种剪法的周长最大。”

jù rén diǎn tóu wēi xiào shuō shuō de zhēn hǎo
巨人点头微笑，说：“说得真好！”

jù rén zǒu jìn wū li ná chū yí gè hěn dà de tǎn zi shuō
巨人走进屋里，拿出一个很大的毯子，说：

bāng wǒ àn zhào dì yī zhǒng jiǎn fǎ cóng shàng miàn jiǎn xià yí gè
“帮我按照第一种剪法，从上面剪下一个

cháng mǐ kuān mǐ de cháng fāng xíng ba
长3米，宽2米的长方形吧。”

hǎo hǎo de tǎn zi wèi shén me yào jiǎn diào yí kuài ne kù
“好好的毯子，为什么要剪掉一块呢？”酷

xiǎo bǎo wèn
小宝问。

jù rén xiào zhe shuō méi guān xi de tā huì xiàng bì hǔ de
巨人笑着说：“没关系的，它会像壁虎的

wěi ba yí yàng chóng xīn zhǎng chu lai
尾巴一样重新长出来。”

kù xiǎo bǎo hé méng xiǎo bèi hěn kuài jiù bāng jù rén jiǎn hǎo le
酷小宝和萌小贝很快就帮巨人剪好了，

dì gěi jù rén shuō hǎo le qǐng nín jiǎn chá
递给巨人说：“好了，请您检查。”

jù rén jiē guò dà kuài de tǎn zi wēi xiào zhe shuō bú yòng
巨人接过大块的毯子，微笑着说：“不用

le zhè jiù shì sòng gěi nǐ men de bǎo bèi
了。这就是送给你们的宝贝。”

kù xiǎo bǎo hé méng xiǎo bèi kàn kan shǒu zhōng de tǎn zi bù jiě
酷小宝和萌小贝看看手中的毯子，不解

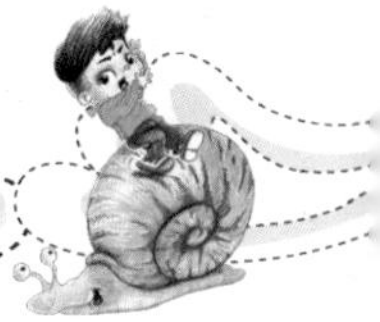

de wèn bǎo bèi
地问："宝贝？"

jù rén diǎn dian tóu shuō shì ya zhè shì yí gè huì fēi de
巨人点点头，说："是呀！这是一个会飞的

mó tǎn
魔毯。"

wā kù xiǎo bǎo hé méng xiǎo bèi gāo xìng de tiào qi lai
"哇！"酷小宝和萌小贝高兴得跳起来，

shuō xiè xie nín
说，"谢谢您！"

gào bié le jù rén kù xiǎo bǎo hé méng xiǎo bèi zuò dào mó tǎn
告别了巨人，酷小宝和萌小贝坐到魔毯

shang mó tǎn dài zhe tā men zài tiān kōng fēi ya fēi ya
上，魔毯带着他们在天空飞呀飞呀……

好大的毛毛虫

mó tǎn dài zhe kù xiǎo bǎo hé méng xiǎo bèi fēi le hěn jiǔ zuì
魔毯带着酷小宝和萌小贝飞了很久，最
hòu zhōng yú jiàng luò dào cǎo dì shang rán hòu xiāo shī le
后终于降落到草地上，然后消失了。

wā hǎo dà yì zhī hú dié ya zú zú yǒu liǎng mǐ duō cháng
哇！好大一只蝴蝶呀！足足有两米多长。
měi lì de dà hú dié fēi guo lai dǎ zhāo hu shuō kù xiǎo bǎo méng
美丽的大蝴蝶飞过来，打招呼说："酷小宝，萌
xiǎo bèi nǐ men hǎo
小贝，你们好！"

kù xiǎo bǎo hé méng xiǎo bèi hù kàn yì yǎn rán hòu tóng shí zhuǎn
酷小宝和萌小贝互看一眼，然后同时转
tóu wèn nǐ zěn me zhī dào wǒ men de míng zì
头问："你怎么知道我们的名字？"

dà hú dié xiào le xiào wèn liǎng wèi zhè yí lù zǒu lái wán
大蝴蝶笑了笑，问："两位这一路走来，玩
de kě kāi xīn
得可开心？"

kù xiǎo bǎo hé méng xiǎo bèi lián máng diǎn tóu dāng rán fēi
酷小宝和萌小贝连忙点头："当然！非
cháng fēi cháng kāi xīn kě shì wǒ men hái shi xiǎng huí jiā le
常非常开心！可是，我们还是想回家了。"

hú dié wēi xiào zhe shuō yù dào wǒ nǐ men hěn kuài jiù kě yǐ

蝴蝶微笑着说："遇到我，你们很快就可以

huí jiā le

回家了。"

kù xiǎo bǎo hé méng xiǎo bèi kāi xīn de tiào qi lai shuō tài

酷小宝和萌小贝开心地跳起来，说："太

bàng le kuài sòng wǒ men huí jiā ba

棒了！快送我们回家吧！"

hú dié bǎi dòng liǎng xià chù jiǎo shuō zhù rén děng yú zhù

蝴蝶摆动两下触角，说："助人等于助

jǐ nǐ men xiān bāng wǒ jiě jué yí dào shù xué wèn tí wǒ mǎ shàng

己。你们先帮我解决一道数学问题，我马上

sòng nǐ men huí qù

送你们回去。"

méng xiǎo bèi máng diǎn tóu shuō wǒ mā ma yě cháng cháng zhè

萌小贝忙点头说："我妈妈也常常这

me shuō de　kuài shuō shuo nǐ de wèn tí ba
么说的。快说说你的问题吧。”

hú dié xiào zhe wèn　nǐ men zhī dào wǒ xiǎo shí hou shì shén me
蝴蝶笑着问：“你们知道我小时候是什么
yàng zi ma
样子吗？”

kù xiǎo bǎo jí wèn　shì xiǎo hú dié ma
酷小宝急问：“是小蝴蝶吗？”

méng xiǎo bèi xiào kù xiǎo bǎo　nǐ zěn me wàng le　hú dié de
萌小贝笑酷小宝：“你怎么忘了？蝴蝶的
yòu chóng shì máo máo chóng
幼虫是毛毛虫。”

kù xiǎo bǎo hóng zhe liǎn shuō　wǒ hái yǐ wéi tā gēn wǒ men shì
酷小宝红着脸说：“我还以为她跟我们世
jiè de hú dié bù yí yàng ne
界的蝴蝶不一样呢。”

hú dié wēi xiào zhe shuō　wǒ xiǎo shí hou jiù shì máo máo chóng
蝴蝶微笑着说：“我小时候就是毛毛虫。
wǒ men yóu yòu chóng zhǎng chéng chéng chóng　měi tiān zhǎng dà　bèi
我们由幼虫长成成虫，每天长大1倍，
tiān néng zhǎng dào　fēn mǐ
30天能长到20分米。”

méng xiǎo bèi tīng le zhāng dà le zuǐ ba　wā　fēn mǐ
萌小贝听了张大了嘴巴：“哇！20分米？
shì　mǐ ye　hǎo dà hǎo dà de máo máo chóng nga
是2米耶！好大好大的毛毛虫啊！”

hú dié jiē zhe shuō　shì de　zhǎng dào　mǐ　rán hòu huà jiǎn
蝴蝶接着说：“是的。长到2米，然后化茧

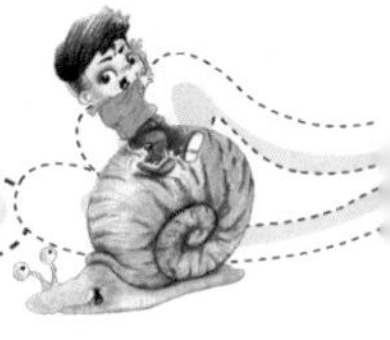

wéi dié
为蝶。”

kù xiǎo bǎo yǒu diǎn xīn jí wèn tí ne shuō zhòng diǎn
酷小宝有点心急：“问题呢？说重点！”

hú dié shuō qǐng nǐ men bāng wǒ suàn suan zhǎng dào fēn mǐ
蝴蝶说：“请你们帮我算算，长到5分米

xū yào duō shao tiān
需要多少天？”

hú dié bǎi dòng liǎng xià chù jiǎo shuō qí shí zhè shì shù xué
蝴蝶摆动两下触角，说：“其实，这是数学

wū pó gěi wǒ chū de wèn tí tā shuō rú guǒ wǒ suàn bu chū lái jiù
巫婆给我出的问题。她说如果我算不出来，就

huì huí dào máo máo chóng shí dài wǒ kě bù xiǎng huí dào nà gè shí hou
会回到毛毛虫时代。我可不想回到那个时候，

yòu chǒu yòu bèn zhòng lián duì chì bǎng dōu méi yǒu
又丑又笨重，连对翅膀都没有。”

kù xiǎo bǎo hé méng xiǎo bèi xiào zhe shuō shù xué wū pó qí shí
酷小宝和萌小贝笑着说：“数学巫婆其实

tǐng shàn liáng de tā zhī dào wǒ men yí dìng néng bāng nín suàn chu lai
挺善良的。她知道我们一定能帮您算出来，

suǒ yǐ cái huì nà me shuō de tā xià nín shì jiǎ de kǎo wǒ men shì zhēn
所以才会那么说的。她吓您是假的，考我们是真

de
的。”

hú dié kāi xīn de shuō zhè yàng nga nà jiù tài hǎo le
蝴蝶开心地说：“这样啊！那就太好了！”

méng xiǎo bèi wāi tóu sī kǎo
萌小贝歪头思考。

酷小宝说："这个我知道，需要采用倒推的方法。"

萌小贝问："倒着推理？"

酷小宝答："对呀！每天长1倍。第30天时是20分米，那么第29天时就是20÷2=10（分米），第28天，就是10÷2=5（分米）。"

蝴蝶听了酷小宝的分析，开心地说："酷小宝，真是太感谢你了！"

酷小宝微笑着说："不客气。"

蝴蝶说："快到我的背上！"说着，用两只触角把酷小宝和萌小贝提到了自己背上。

蝴蝶等酷小宝和萌小贝坐好，说："请你们闭上眼睛，我要起飞了哦。"

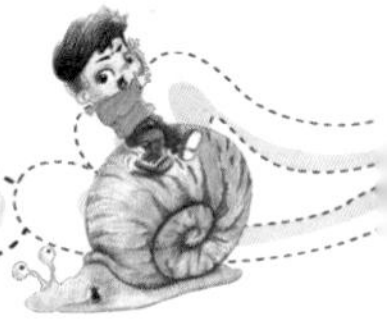

kù xiǎo bǎo hé méng xiǎo bèi bù xiǎng bì yǎn jing xiǎng kàn kan hú

酷小宝和萌小贝不想闭眼睛，想看看蝴

dié shì zěn me bǎ tā men sòng huí jiā de

蝶是怎么把他们送回家的。

hū yí zhèn fēng chuī guò kù xiǎo bǎo hé méng xiǎo bèi gǎn jué

“呼”一阵风吹过，酷小宝和萌小贝感觉

yí zhèn xuàn yūn bù yóu zì zhǔ bì shàng le yǎn jing

一阵眩晕，不由自主闭上了眼睛。

最后的较量

kù xiǎo bǎo hé méng xiǎo bèi zhēng kāi yǎn jing shí fā xiàn yǐ jīng
酷小宝和萌小贝睁开眼睛时，发现已经
dào le de zì jǐ jiā de guà yī guì li
到了的自己家的挂衣柜里。

yē zhōng yú huí lái la kù xiǎo bǎo huān hū
“耶！终于回来啦！”酷小宝欢呼。

méng xiǎo bèi qiāo qiao guà yī guì hé yǐ wǎng méi shén me liǎng
萌小贝敲敲挂衣柜，和以往没什么两
yàng nga nán dào gāng gāng shì tā men zuò le gè mèng
样啊。难道，刚刚是他们做了个梦？

kù xiǎo bǎo hé méng xiǎo bèi mō mo bó zi jīng líng gǔ guó wáng
酷小宝和萌小贝摸摸脖子，精灵谷国王
sòng de shuǐ jīng shí hái zài
送的水晶石还在。

liǎ rén zǒu chū guà yī guì kàn kan zhōng biǎo shì tā men gāng
俩人走出挂衣柜，看看钟表，是他们刚
gāng zuò wán zuò yè de shí jiān shàng wǔ
刚做完作业的时间：上午10:45。

kù xiǎo bǎo hé méng xiǎo bèi zǒu dào kè tīng dà chī yì jīng
酷小宝和萌小贝走到客厅，大吃一惊：
shù xué wū pó
“数学巫婆！”

shù xué wū pó zhèng zuò zài kè tīng de shā fā shang xiào mī le
数学巫婆正坐在客厅的沙发上，笑眯了

yǎn kàn zhe tā men shuō nǐ men hǎo wa xiǎo jiā huo
眼看着他们，说：“你们好哇，小家伙！”

kù xiǎo bǎo hé méng xiǎo bèi lèng le yí xià rán hòu kāi xīn de
酷小宝和萌小贝愣了一下，然后开心地

xiào le nǐ hǎo nǐ hǎo
笑了：“你好！你好！”

shù xué wū pó wèn wán de kāi xīn ma
数学巫婆问：“玩得开心吗？”

kù xiǎo bǎo hé méng xiǎo bèi qí shēng shuō kāi xīn kāi xīn de
酷小宝和萌小贝齐声说：“开心，开心得

bù dé liǎo
不得了！”

kù xiǎo bǎo tū rán xiǎng qǐ jī tù tóng lóng de wèn tí
酷小宝突然想起“鸡兔同笼”的问题，

shuō shù xué wū pó wǒ tū rán xiǎng qǐ yí dào yǒu nán dù de shù
说："数学巫婆，我突然想起一道有难度的数
xué tí xiǎng kǎo kao nǐ
学题，想考考你！"

shù xué wū pó tīng le dà xiào kǎo wǒ kǎo ba kǎo ba wǒ
数学巫婆听了大笑："考我？考吧，考吧！我
zuì xǐ huan bèi bié rén kǎo le
最喜欢被别人考了。"

kù xiǎo bǎo shén mì de xiào zhe shuō jī tù tóng yì lóng shǔ
酷小宝神秘地笑着说："鸡兔同一笼，数
tóu yǒu gè shǔ jiǎo yǒu gè qǐng wèn tù jǐ zhī jī jǐ zhī
头有9个，数脚有28个。请问兔几只？鸡几只？"

shù xué wū pó tīng le hē hē xiào xiǎo bǎo xiǎo bèi tīng zǐ
数学巫婆听了呵呵笑："小宝、小贝听仔
xì shù xué wū pó míng bù xū zhī tù hé zhī jī shù xué hái shi
细，数学巫婆名不虚；5只兔和4只鸡，数学还是
wǒ dì yī
我第一！"

wā méng xiǎo bèi shù qǐ dà mǔ zhǐ shuō shù xué wū pó què
哇！萌小贝竖起大拇指，说："数学巫婆确
shí bàng dá tí sù dù wú rén bǐ
实棒，答题速度无人比。"

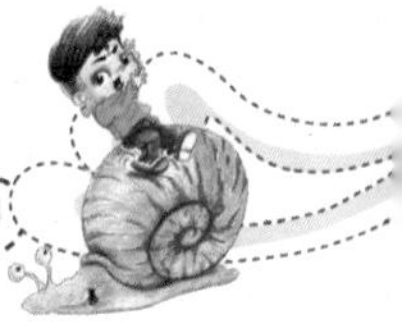

kù xiǎo bǎo tiáo pí de shuō hái děi shuō shuo nǐ zěn me xiǎng
酷小宝调皮地说："还得说说你怎么想
de rú hé suàn de
的？如何算的？"

shù xué wū pó shuō hǎo ràng nǐ xīn fú kǒu fú wǒ shì shéi
数学巫婆说："好！让你心服口服！我是谁
ya shù xué wū pó o huì mó fǎ de shù xué wū pó wǒ de jiě tí
呀？数学巫婆哦，会魔法的数学巫婆！我的解题
sī lù kě gēn nǐ men bù yí yàng
思路可跟你们不一样！"

kù xiǎo bǎo cuī cù shuō zhī dào zhī dào zhī dào nǐ huì mó
酷小宝催促说："知道知道，知道你会魔
fǎ zhī dào nǐ shù xué bàng gǎn jǐn gēn wǒ men fēn xī fēn xī ya
法，知道你数学棒。赶紧跟我们分析分析呀。"

méng xiǎo bèi yě xiào zhe shuō shì ya wǒ dōu děng bu
萌小贝也笑着说："是呀，我都等不
jí le
及了。"

shù xué wū pó hēi hēi yí xiào shuō wǒ mó zhàng yì huī
数学巫婆嘿嘿一笑，说："我魔杖一挥，
ràng měi zhī jī tái qǐ yì zhī jiǎo měi zhī tù zi tái qǐ liǎng zhī jiǎo
让每只鸡抬起一只脚，每只兔子抬起两只脚，
jiǎo jiù shǎo le yí bàn ba
脚就少了一半吧？"

$28 \div 2 = 14$（条） 腿少了一半

kù xiǎo bǎo diǎn dian tóu xiàn zài měi zhī jī yǒu zhī jiǎo měi
酷小宝点点头：“现在每只鸡有1只脚，每
zhī tù zi yǒu zhī jiǎo shǎo le yí bàn hái shèng
只兔子有2只脚，少了一半，还剩 $28 \div 2 =$
zhī jiǎo běn lái jī hé tù zi yí gòng zhī jiǎo xiàn zài
14（只）脚，本来鸡和兔子一共28只脚，现在
shèng zhī jiǎo le
剩14只脚了。”

$14 - 9 = 5$（只）

shù xué wū pó xiào le xiào shuō rú guǒ wǒ ràng měi zhī tù zi
数学巫婆笑了笑说：“如果我让每只兔子
zài tái qǐ yì zhī jiǎo jiǎo hé tóu jiù xiāng děng le
再抬起一只脚，脚和头就相等了。”

méng xiǎo bèi hā hā dà xiào tīng shuō guò jīn jī dú lì hái
萌小贝哈哈大笑：“听说过金鸡独立，还
méi tīng shuō guò tù zi dú lì ne
没听说过‘兔子独立’呢！”

shù xué wū pó hā hā xiào zhe shuō wǒ shì shéi ya wǒ ràng
数学巫婆哈哈笑着说：“我是谁呀？我让
tā yì tiáo tuǐ zhàn zhe tā jiù děi yì tiáo tuǐ zhàn zhe
它一条腿站着，它就得一条腿站着！”

kù xiǎo bǎo hēi hēi xiào zhe shuō wǒ zhī dào le xiàn zài yǒu
酷小宝嘿嘿笑着说：“我知道了，现在有

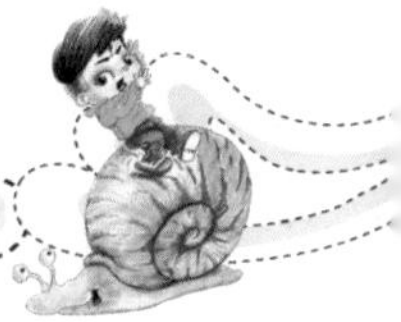

tiáo tuǐ gè tóu zhī tuǐ bǐ tóu duō yě
14条腿，9个头。14－9＝5（只），腿比头多5，也
jiù shì shuō xū yào zhī tù zi bǎ qí zhōng yì zhī jiǎo zài tái qi lai
就是说需要5只兔子把其中一只脚再抬起来，
jiù chéng le měi zhī jī hé tù zi dōu zhǐ yǒu yì zhī jiǎo āi dì tuǐ
就成了每只鸡和兔子都只有一只脚挨地，腿
hé tóu jiù tóng yàng duō le suǒ yǐ tù zi shì zhī jī jiù shì
和头就同样多了。所以，兔子是5只，鸡就是9－
zhī
5＝4（只）。”

shù xué wū pó hā hā dà xiào zěn me yàng wǒ de bàn fǎ hǎo ba
数学巫婆哈哈大笑：“怎么样？我的办法好吧？”

kù xiǎo bǎo hé méng xiǎo bèi xīn fú kǒu fú de shuō bú kuì shì
酷小宝和萌小贝心服口服地说：“不愧是
shù xué wū pó yǐ hòu wǒ men yù dào jī tù tóng lóng de wèn tí kě
数学巫婆！以后我们遇到鸡兔同笼的问题，可
yǐ yòng zhè ge gōng shì tù zi de zhī shù jiǎo shù tóu shù
以用这个公式：兔子的只数＝脚数÷2－头数

jī de zhī shù tóu shù tù zi de zhī shù
鸡的只数＝头数－兔子的只数”

shù xué wū pó kāi xīn de shuō hǎo jìng rán hái zǒng jié le
数学巫婆开心地说：“好！竟然还总结了
gōng shì zhēn shi cōng míng de hái zi
公式，真是聪明的孩子！”

kù xiǎo bǎo hé méng xiǎo bèi qiān xū de shuō duō kuì nín de zhǐ
酷小宝和萌小贝谦虚地说：“多愧您的指
diǎn hái děi gǎn xiè nín
点，还得感谢您！”

shù xué wū pó yòu kāi xīn de xiào le shuō hǎo le wǒ yào huí qù le huān yíng nǐ men suí shí qù shù xué wáng guó zuò kè

数学巫婆又开心地笑了，说：“好了，我要回去了。欢迎你们随时去数学王国做客。”

jiàn shù xué wū pó qí shàng shù zì yào lí kāi kù xiǎo bǎo hé méng xiǎo bèi gǎn jǐn wèn wǒ men zěn me cái néng qù ne

见数学巫婆骑上数字“2”要离开，酷小宝和萌小贝赶紧问：“我们怎么才能去呢？”

guà yī guì àn hào shù xué wū pó shù xué dì yī shù xué wū pó huà yīn wèi luò rén yǐ jīng bú jiàn le

“挂衣柜！暗号：数学巫婆，数学第一！”数学巫婆话音未落，人已经不见了。

kù xiǎo bǎo hé méng xiǎo bèi àn xià jué xīn xué hǎo shù xué hé shù xué wū pó jì xù bǐ bù néng zǒng ràng shù xué wū pó dāng dì yī

酷小宝和萌小贝暗下决心：学好数学，和数学巫婆继续比，不能总让数学巫婆当第一。

随书赠送精美彩色日记本

这不是简单的
《西游记》故事，
而是连齐天大圣
也不知道的小秘密哟！

随书赠送精美彩色日记本

这不是简单的
《希腊神话》故事，
而是连雅典娜
也不知道的小秘密哟！

随书赠送精美彩色日记本

这不是简单的
《一千零一夜》故事，
而是连阿里巴巴
也不知道的小秘密哟！

随书赠送精美彩色日记本

感动天地的父子深情
震撼心灵的家庭之爱